陕西省中等职业学校专业骨干教师培训系列教材

数控加工技术基础

主　编　卢文澈　韩　伟
参　编　崔　静　苏宏志
主　审　曹西京

西安电子科技大学出版社

内 容 简 介

本书是陕西省教育厅"中等职业学校教师素质提高计划"中"数控技术应用专业师资培训包开发项目[ZZPXB07]"的成果之一,是面向中职骨干教师培训的专业核心课程教材。

本书突出了基础性和易读性,方便学习和知识查询,可满足不同层次读者的需求。全书分为四章,第一章介绍数控机床的产生、发展、分类、组成及日常保养等;第二章介绍数控机床各种常用刀具、刀具材料和工具系统;第三章介绍制定数控加工工艺文件所需的机械加工工艺和数控加工工艺路线、加工工序设计及工艺文件格式;第四章以数控机床坐标系、程序字及程序结构、基本编程指令等内容为主,介绍了数控编程基础知识。

本书可作为中等职业学校数控技术应用专业教师培训指导用书,也可作为职业院校数控技术、机械制造与自动化等专业的教材,还可作为从事数控行业的技术人员、工人和管理人员的参考书。

图书在版编目(CIP)数据

数控加工技术基础/卢文澈,韩伟主编. —西安:西安电子科技大学出版社,2016.6
陕西省中等职业学校专业骨干教师培训系列教材
ISBN 978 - 7 - 5606 - 4065 - 5

Ⅰ.① 数… Ⅱ.① 卢… ② 韩… Ⅲ.① 数控机床—加工—中等专业学校—教材
Ⅳ.① TG659

中国版本图书馆 CIP 数据核字(2016)第 094637 号

策　　划　李惠萍
责任编辑　阎　彬　杨　璠
出版发行　西安电子科技大学出版社(西安市太白南路 2 号)
电　　话　(029)88242885　88201467　　　　邮　　编　710071
网　　址　www.xduph.com　　　　　　　　电子邮箱　xdupfxb001@163.com
经　　销　新华书店
印刷单位　陕西华沐印刷科技有限责任公司
版　　次　2016 年 6 月第 1 版　2016 年 6 月第 1 次印刷
开　　本　787 毫米×1092 毫米　1/16　印张 13
字　　数　298 千字
印　　数　1~1000 册
定　　价　26.00 元
ISBN 978 - 7 - 5606 - 4065 - 5/TG
XDUP 4357001 - 1

＊＊＊如有印装问题可调换＊＊＊

序　言

　　教育之魂,育人为本;教育质量,教师为本。高素质高水平的教师队伍是学校教育内涵实力的真正体现。自"十一五"起,教育部就将职业院校教师素质提升摆到十分重要的地位,2007年启动中等职业学校教师素质提高计划,开始实施中等职业学校专业骨干教师国家级培训;2011年印发了《关于实施职业院校教师素质提高计划的意见》《关于进一步完善职业教育教师培养培训制度的意见》和《关于"十二五"期间加强中等职业学校教师队伍建设的意见》。我省也于2006年率先在西北农林科技大学开展省级中等职业学校专业骨干教师培训,并相继出台了相关政策文件。

　　2013年6月,陕西省教育厅印发了《关于陕西省中等职业教育专业教师培训包项目实施工作的通知》,启动培训研发项目。评议审定了15个专业的研究项目,分别是:西安交通大学的护理教育、电子技术及应用,西北农林科技大学的会计、现代园艺,陕西科技大学的机械加工技术、物流服务与管理,陕西工业职业技术学院的数控加工技术、计算机动漫与游戏制作,西安航空职业技术学院的焊接技术及应用、机电技术及应用,陕西交通职业技术学院的汽车运用与维修、计算机及应用,杨凌职业技术学院的高星级饭店运营与管理、旅游服务与管理,陕西学前师范学院的心理健康教育。承担项目高校皆为省级以上职教师资培养培训基地,具有多年职教师资培训经验,对培训研发项目高度重视,按照项目要求,积极动员力量,组建精干高效的项目研发团队,皆已顺利完成调研、开题、期中检查、结题验收等研发任务。目前,各项目所取得的研究报告、培训方案、培训教材、培训效果评价体系和辅助电子学习资源等成果大都已经用于实践,并成为我们进一步深化研发工作的宝贵经验和资料。

　　本次出版的"陕西省中等职业学校专业骨干教师培训系列教材"是培训包研发成果之一,具有四大特点:

　　一是专业覆盖广,受关注度高。8大类15个专业都是目前中等职业学校招生的热门专业,既包含战略性新兴产业、先进制造业,也包括现代农业和现代服务业。

　　二是内容新,适用性强。教材内容紧密对接行业产业发展,突出新知识、新技能、新工艺、新方法,包括专业领域新理论、前沿技术和关键技能,具有很强的先进性和适用性。

　　三是重实操,实用性强。教材遵循理实并重原则,对接岗位要求,突出技术技能实践能力培养,体现项目任务导向化、实践过程仿真化、工作流程明晰化、动手操作方便化的特点。

　　四是体例新,凸显职业教育特点。教材采用标准印制纸张和规范化排版,体例上图文并茂、相得益彰,内容编排采用理实结合、行动导向法、工作项目制等现代职业教育理念,思路清晰,条块相融。

　　当前,职业教育已经进入了由规模增量向内涵质量转化的关键时期,现代职业教育体系建设,大众创业、万众创新,以及互联网＋、中国制造2025等新的时代要求,对职业教育提出了新的任务和挑战。着力培养一支能够支撑和胜任职业教育发展所需的高素质、专业化、现代化的教师队伍已经迫在眉睫。本套教材是广大从事职业教育教学工作人员在实践中不断探索、总结编制而成的，既是智慧结晶，也是改革成果，这些教材将作为我省相关专业骨干教师培训的指定用书，也可供职业院校师生和技术人员使用。

教材的编写和出版在省教育厅职业教育与成人教育处和省中等职业学校师资队伍建设项目管理办公室精心组织安排下开展，得到省教育厅领导、项目承担院校领导、相关院校继续教育学院（中心）及西安电子科技大学出版社等部门的大力支持，在此我们表示诚挚的感谢！希望读者在使用过程中提出宝贵意见，以便一步完善。

陕西省中等职业学校专业骨干教师培训系列教材

编写委员会

2015 年 11 月 22 日

陕西省中等职业学校专业骨干教师培训系列教材

编审委员会名单

主　任：王建利

副主任：崔　岩　韩忠诚

委　员：（按姓氏笔划排序）

王奂新　　王晓地　　王　雄　　田争运

付仲锋　　刘正安　　李永刚　　李吟龙

李春娥　　杨卫军　　苗树胜　　韩　伟

陕西省中等职业学校专业骨干教师培训系列教材

专家委员会名单

主　任：王晓江

副主任：韩江水　　姚聪莉

委　员：（按姓氏笔划排序）

丁春莉　　王宏军　　文怀兴　　马变玲

朱金卫　　刘彬让　　刘德敏　　杨生斌

钱拴提

前　言

　　为贯彻落实教育部《中等职业学校教师专业标准(试行)》的精神,陕西省教育厅、财政厅实施《中等职业学校教师素质提高计划的意见》和《加强中等职业学校教师队伍建设的意见》,以提高职业教育质量,扩大职业教育规模,提高中等职业学校教师整体素质及教学能力,推动中等职业学校教师队伍建设。本书为教育部和财政部"中等职业学校教师素质提高计划"中"数控技术应用专业师资培训包开发项目[ZZPXB07]"的成果之一。

　　本书为适应参加培训教师结构的复杂性,在教材的开发上由浅入深,采取优先满足需求性、易读性以及课程综合化的原则,融"数控机床"、"数控刀具"、"数控加工工艺"、"数控编程"四门课程为一体,将其有机地结合起来。本书以企业需求为导向,以职业能力为核心,结合企业实际,反应岗位需求,突出新技术、新工艺,注重对职业能力的培养。

　　本书突出了基础性和易读性,方便学习和知识查询,可满足不同层次读者的需求。全书分为四章,第一章介绍数控机床的产生、发展、分类、组成及日常保养等;第二章介绍数控机床各种常用刀具、刀具材料和工具系统;第三章介绍制定数控加工工艺文件所需的机械加工工艺和数控加工工艺路线、加工工序设计及工艺文件格式;第四章以数控机床坐标系、程序字及程序结构、基本编程指令等内容为主,介绍了数控编程基础知识。

　　本书由陕西工业职业技术学院卢文澈、韩伟担任主编。第一章由韩伟编写,第二章由苏宏志编写,第三章由卢文澈编写,第四章由崔静编写。

　　本书由陕西科技大学曹西京教授主审,曹教授对本书提出了许多宝贵意见,在此表示衷心的感谢。

　　限于编者水平及数控技术发展迅速,书中难免存在不妥之处,敬请读者批评指正。

陕西工业职业技术学院
数控技术应用专业项目组
2016 年 3 月

前　言

目　录

第 1 章

数控机床概述

1.1　数控机床的产生、发展及特点

1.1.1　数控机床的产生

数控机床(Numerical Control Machine Tools)是采用数字代码形式的信息(程序指令)去控制刀具与工件的相对运动,使其按给定的工作程序、运动速度和轨迹自动加工出所需零件的一种机床。数控机床是在机械制造技术和控制技术的基础上发展起来的,第一台数控机床是为了满足航空工业制造复杂工件的需求而产生的。1952年,美国麻省理工学院和帕森斯公司合作成功研制了世界上第一台具有信息存储和信息处理功能的新型机床——三坐标数控铣床。之后,随着电子技术,特别是计算机技术的发展,数控机床不断更新换代。

第一代数控机床从1952年至1959年,采用电子管元件;第二代数控机床从1959年开始,采用晶体管元件;第三代数控机床从1965年开始,采用集成电路;第四代数控机床从1970年开始,采用大规模集成电路及小型通用计算机;第五代数控机床从1974年开始,采用微处理器或微型计算机;第六代数控机床从20世纪90年代后期开始,采用以PC为控制系统的硬件部分,其中,Windows NT为PC的操作系统平台,通过在PC上安装NC软件系统,使数控系统能随着PC技术的升级而升级。该系统维护方便,并能充分共享PC丰富的软件资源,可方便地接入局域网以实现网络化制造。

我国于1958年研制出了首台NC机床,1975年又研制出第一台加工中心。改革开放以来,通过引进国外的数控系统与伺服系统,使我国的数控机床在品种、数量和质量方面都得到迅速发展。从1986年开始,我国数控机床开始进入国际市场。目前我国有几十家机床厂能够生产数控机床和数控加工中心,而经济型数控机床的研究、生产和推广工作也取得了很大进展,对机床技术改造起到了积极推动作用。但在中、高档次的数控机床生产方面同先进的工业国家之间还存在着不小的差距,主要表现在两个方面:一方面是我国的数控系统和数控机床与国外产品相比较,其稳定性差。另一方面,我国数控系统成套性差,数控装置、驱动、电机不配套,主轴驱动、伺服驱动的性能和可靠性比国外产品低,高速度、高精度及重型设备数控系统性能和功能比国外产品差。但这种差距正在缩小,随着我国国民经济的迅速发展,以及企业设备改造和技术更新的深入开展,各行业对数控机床

的需要量将大幅度增加，这将有力地促进数控机床的发展。

1.1.2 数控机床的发展趋势

随着计算机技术的发展，数控机床不断采用计算机、控制理论等领域的最新技术成果，使其朝着运行高速化、加工高精化、控制智能化、功能复合化及交互网络化的方向发展。

1. 运行高速化

为了提高数控机床的加工效率，人们不断地提高主轴转速，即提高切削速度。目前采用电主轴的主轴最高转速已达 200 000 r/min。主轴转速的最高加（减）速为 1.0 g，即仅需 1.8 秒即可从 0 提速到 15 000 r/min。这个速度是以前数控机床的数十倍。

2. 加工高精化

为提高数控机床的加工精度，人们在数控机床制造中不断提高设备的制造和装配精度，提高数控系统的控制精度，同时采用了误差补偿技术。尤其是在 CNC 系统控制精度提高方面，更是采取了如下几种技术：

（1）高速插补技术，以微小程序段实现连续进给，使 CNC 控制单位精细化。

（2）高分辨率位置检测装置，提高位置检测精度。

（3）位置伺服系统采用前馈控制与非线性控制等方法使得数控机床加工精度大幅提高，加工精度最高已达 0.0001 mm，数控系统的分辨率已达纳米级。

3. 控制智能化

随着人工智能技术的不断发展，为满足制造业生产柔性化、制造自动化的发展需求，数控机床智能化程度在不断提高，主要体现在以下几个方面：

（1）加工过程自适应控制技术。通过监测主轴和进给电机的功率、电流、电压等信息，辨识出刀具的受力、磨损以及破损状态，机床加工的稳定性状态；实时修调加工参数（主轴转速、进给速度）和加工指令，使设备处于最佳运行状态，以降低工件表面粗糙度、提高加工精度和设备运行的安全性。

（2）加工参数的智能优化。将零件加工的一般规律、特殊工艺经验，用现代智能方法构造基于专家系统或基于模型的"加工参数的智能优化与选择器"，获得优化的加工参数，提高编程效率和加工工艺水平，缩短生产准备时间，使加工系统始终处于较合理和较经济的工作状态。

（3）智能化交流伺服驱动装置。自动识别负载、自动调整控制参数，包括智能主轴和智能化进给伺服装置，使驱动系统获得最佳运行状态。

（4）智能故障诊断。根据已有的故障信息，应用现代智能方法，实现对故障快速准确定位。

4. 功能复合化

复合化是指在一台设备上实现多种工艺步骤的加工，以缩短零件加工链。车铣复合的车削中心（ATC，动力刀头）、镗铣钻复合的加工中心（ATC）、五面加工中心（ATC，主轴立卧转换）、铣镗钻车复合的复合加工中心（ATC，可自动装卸车刀架）、铣镗钻磨复合的复合加工中心（ATC，动力磨头）、可更换主轴箱的数控机床组合加工中心、集车削和激光加工于一体的机床等先进技术的发展与应用,使数控机床的加工能力得到了极大的提高。

5. 交互网络化

网络化数控装备是近年来机床发展的新亮点。数控装备的网络化极大地满足了生产线、制造系统、制造企业对信息集成的需求。实现网络通信协议,既能满足单机 DNC 需要,又能满足 FMC、FMS、CIMS、灵捷制造 TEAM(Technology Enabling Agile Manufacture)对基层设备集成数控系统的要求,形成"全球制造"的基础单元。通过配置网络接口和 Internet 可实现远程监控,进行远程检测和诊断,使维修变得简单。德国 Intrtamat 的 SERCOS、美国 DELTA TAU 的 Mcro-Link、日本 FANUC 的 SERVO-Link、日本三菱的 Tro-Link 等,都反映出了数控机床加工的网络化发展趋势。

1.1.3　数控机床的加工特点

数控加工是一种现代化的自动控制过程,以其精度高、效率高、能适应小批量多品种复杂零件的加工等优点,在机械加工中得到日益广泛的应用。数控机床与普通机床的区别很大,数控机床对零件的加工是严格按照加工程序所规定的参数及动作进行的。在加工过程中,人的参与程度较低。利用数控加工技术可以完成很多以前不能完成的曲面零件的加工,而且加工的准确性和精度都可以得到很好的保证。总体上说,与普通机床相比,数控机床具有以下明显特点。

1. 加工精度高,质量稳定

与普通机床相比,数控机床优化了传动装置,提高了分辨率,减少了人为误差,因此加工的精度和效率有很大提高。数控机床加工的精确性和重复性已成为其主要优势之一,零件加工程序一旦调试完成,就可以存储在各种介质上,需要时调用即可。尤其是当加工同一批零件,在同一机床和相同加工条件下,使用相同刀具和加工程序,刀具的走刀轨迹完全相同,对机床的控制不会因操作者的改变而变化,加工出来的零件一致性好,质量稳定。

2. 加工生产效率高

数控机床可有效地减少零件的加工时间,一是由于数控机床的主轴转速和进给量范围大,允许机床进行大切削量的强力切削,提高了机床的切削效率,节省了机动时间。二是数控机床的移动部件空行程运动速度快,工件装夹时间短,刀具可自动更换,辅助时间比一般机床大为减少。三是配合加工中心的刀库使用,实现了在一台机床上进行多道工序的连续加工,减少了半成品的工序间的周转时间,这样数控机床的加工生产效率就得到了极大提高。数控机床加工生产效率一般为普通机床的 3~5 倍,对某些复杂零件的加工,生产效率可以提高十几倍甚至几十倍。

3. 适应性强

在数控机床上改变加工零件时,不必制造、更换许多工具、夹具,不需要经常重新调整机床,也不需改变机械部分和控制部分的硬件,只需重新编制程序,输入新的程序后就能实现对新零件的加工,且生产过程是自动完成的。这就为复杂结构零件的单件、小批量生产以及试制新产品提供了极大的方便,因此数控机床在军工、航空航天、船舶、模具等加工制造业中得到广泛应用。

适应性强是数控机床最突出的优点，也是其得以生产和迅速发展的主要原因。机床的适应性也称为机床的柔性，数控机床的适应性强，也就是说数控机床具有高柔性。

4. 劳动条件好

由于采用了自动控制方式，数控机床加工前经调整以后，输入程序并启动，机床就能自动连续地加工，直至加工结束。不像传统加工手段那样烦琐。操作者主要完成程序的输入、编辑、装卸零件、刀具准备、加工状态的观测、零件的检验等工作，劳动强度大大降低，机床操作者的劳动趋于智力型工作。另外，数控机床一般是封闭式加工，既清洁又安全，工作环境较好。

5. 经济效益好

与普通机床相比，数控机床是典型的机电一体化产品，虽然一次性投资大、日常维护和保养费用高，但其技术含量高，使得加工生产效率高、加工质量好、废品少，而且还减少了工装和量刃具，缩短了生产周期和新产品试制周期，这将会为企业带来明显的经济效益。

6. 利于生产管理现代化

数控机床使用数字信号与标准代码为数控信息，能实现加工信息的标准化，对所使用的刀具、夹具等可进行规范化、现代化管理。目前数控机床已与计算机辅助设计与制造（CAD/CAM）有机地结合起来，向计算机控制与管理生产方面发展，为实现生产过程自动化创造了条件。

1.2　数控机床的分类

目前数控机床的规格品种繁多，分类方法不统一，根据数控机床的功能和结构，通常按照下面五种方法进行分类。

1.2.1　按加工工艺方法分类

1. 普通数控机床

与传统的车、铣、钻、镗、磨、齿轮加工相对应的数控机床有数控车床、数控铣床、数控钻床、数控镗床、数控磨床、数控齿轮加工机床等，这类机床的工艺性能和通用机床相似。

2. 加工中心

在普通数控机床上加装一个刀库和换刀装置就成为数控加工中心机床。常见的有数控车削中心、数控车铣中心、数控镗铣中心（简称加工中心）等。

3. 数控特种加工机床

数控特种加工机床有：数控线切割机床、数控电火花成型机床、数控等离子弧切割机床、数控火焰切割机床以及数控激光加工机床等。

4. 其他类型的数控机床

其他类型的数控机床有用于测量的数控三坐标测量机，用于绘图的数控绘图仪，用于对刀的数控对刀仪，用于金属板材加工的数控压力机、数控剪板机和数控折弯机等。

1.2.2　按控制运动的方式分类

1. 点位控制数控机床

点位控制数控机床的特点是只控制刀具相对工件从某一加工点移到另一个加工点之间的精确定位，如图 1-1(a)所示，而对于点与点之间移动的轨迹不进行控制，且几个坐标轴之间的运动无任何联系，可以几个坐标同时向目标点运动，也可以各个坐标单独依次运动，且移动过程中不作任何加工。

采用点位控制的机床主要有数控钻床、数控镗床、数控冲床、数控点焊机等。

2. 点位直线控制数控机床

点位直线控制也称为平行控制，其特点是这类机床不仅要控制点与点之间的精确位置，还要控制刀具(或工作台)以一定的速度沿着与坐标轴平行的方向进行切削加工，一般只能加工矩形、台阶形零件等。这种控制常应用于简易数控车床、镗铣床和某些加工中心，现已较少使用，如图 1-1(b)所示。

3. 轮廓控制数控机床

轮廓控制又称为连续控制，特点是可对两个或两个以上运动坐标的位移和速度同时进行连续相关的控制，不仅控制每个坐标的行程位置，同时还控制每个坐标的运动速度。各坐标的运动按规定的比例关系相互配合，精确地协调起来连续进行加工，以形成所需要的直线、斜线或曲线、曲面，如图 1-1(c)所示。采用此类控制方式的设备有数控车床、铣床、加工中心、电加工机床、特种加工机床等。

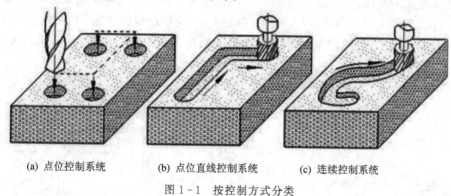

   (a) 点位控制系统　　　　(b) 点位直线控制系统　　　(c) 连续控制系统

图 1-1　按控制方式分类

1.2.3　按伺服控制方式分类

数控机床的进给伺服系统由伺服电机、伺服驱动装置、机械传动机构及执行部件组成。它的作用是：接受数控系统发出的进给速度和位移指令信号，由伺服驱动电路作一定的转换和放大后，经伺服驱动装置(直流、交流伺服电机，电液动脉冲马达，功率步进电机等)和机械传动机构，驱动机床的工作台等执行部件实现工作进给和快速运动。

1. 开环控制数控机床

开环控制数控机床的控制系统中没有位置检测反馈元件，如图 1-2 所示，其伺服驱动装置主要是步进电机、功率步进电机、电液脉冲马达等。由数控系统送出的进给指令脉冲，通过环形分配器按步进电机的通电方式进行分配，并经功率放大后送给步进电机的各相绕组，使之按规定的方式通、断电，从而驱动步进电机旋转。再经同步齿形带、滚珠丝杠螺母副驱动执行部件。每给一次脉冲信号，步进电机就转过一定的角度，工作台就走过一个脉冲当量的距离。数控装置按程序加工要求控制指令脉冲的数量、频率及通电顺序，以达到控制执行部件运动的位移量、速度和运动方向的目的。数控机床的信息流是单向的，即进给脉冲发出去后，实际移动值不再反馈回来，所以称为开环控制数控机床。其特点是结构简单、维护方便、成本较低。开环控制系统仅适用于对加工精度要求不是很高的中小型数控机床，特别是简易经济型数控机床。

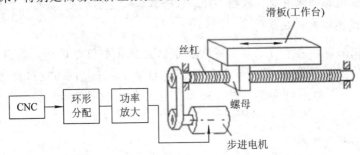

图 1-2 开环控制数控机床

2. 闭环控制数控机床

闭环控制数控机床是在机床移动部件上安装直线位移检测装置，直接对工作台的实际位移进行检测，并将测量的实际位移值反馈到数控装置中，与输入的指令位移值进行比较，然后用差值对机床进行控制，使移动部件按照实际需要的位移量运动，最终实现移动部件的精确运动和定位。如图 1-3 所示，检测元件(直线感应同步器、长光栅等)装在工作台上，可直接测出工作台的实际位置。闭环控制数控机床的定位精度高，但调试和维修都较困难，系统复杂，成本高。

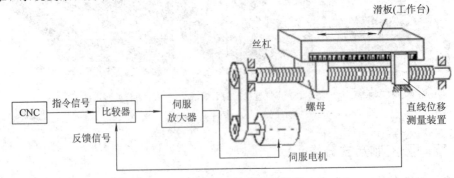

图 1-3 闭环控制数控机床

3. 半闭环控制数控机床

半闭环控制数控机床是在伺服电动机的轴端部或数控机床的传动丝杠上安装了角位移电流检测装置(如脉冲编码器、旋转变压器、圆感应同步器等)，如图 1-4 所示。通过检测丝杠或电机的回转角，间接测出机床运动部件的位移，经反馈回路送回控制系统和伺服系统，并与控制指令值相比较，如果二者存在偏差，便将此差值信号进行放大，继续控制电机带动移动部件向着减小偏差的方向移动，直至偏差为零。由于该过程只对中间环节进行反馈控制，丝杠和螺母副部分还在控制环节之外，故称为半闭环控制数控机床。

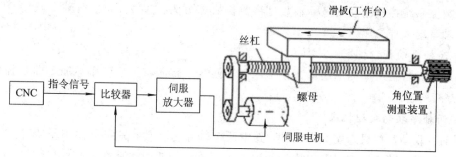

图 1-4 半闭环控制数控机床

半闭环控制数控机床的调试比较方便，稳定性好，精度介于开环和闭环之间，因而应用广泛。

4. 混合控制数控机床

将上述控制方式的优点结合起来，就形成了混合控制数控机床。由于开环控制方式稳定性好，成本低，精度差，全闭环虽然精度高，但调试较复杂，稳定性差，半闭环控制调试较方便，稳定性好，精度也较好，所以为了互相弥补，满足某些机床的控制要求，常采用下述两种混合控制方式。

1）开环补偿型

开环补偿型的特点是基本控制选用步进电动机的开环伺服机构，附加一个位置校正电路，用装在工作台的直线位移测量元件的反馈信号，校正机械系统的误差，如图 1-5 所示。

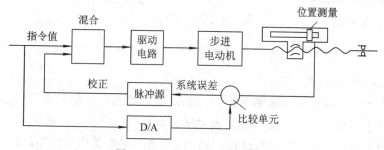

图 1-5 开环补偿型控制系统

2）半闭环补偿型

半闭环补偿型的特点是用半闭环控制方式取得稳定的高速响应特性，再用装在工作台上的直线位移测量元件实现全闭环修正（用全闭环和半闭环的差进行控制），以获得更高的加工精度，从而达到高速度与高精度的统一，如图 1-6 所示。

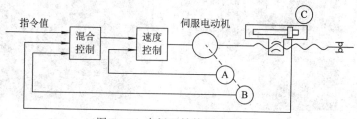

图 1-6 半闭环补偿型控制系统

1.2.4 按控制联动的坐标轴分类

按数控系统控制的联动坐标轴数可将数控机床分为：两轴联动、两轴半联动、三轴联动和多轴联动数控机床。

1）两轴联动数控机床

两轴联动数控机床的应用如数控车床加工曲线旋转面或数控铣床等加工曲线柱面，如图 1-7(a)所示。

2）两轴半联动数控机床

两轴半联动数控机床实际有三轴，其中两个轴互为联动，另一个轴作周期进给。如在数控铣床上使用球头铣刀并且采用行切法加工三维空间曲面，如图 1-7(b)所示。

3）三轴联动数控机床

三轴联动数控机床一般分为两类，一类就是 X、Y、Z 三个直线坐标轴联动，如一般的数控铣床、加工中心等。另一类是在控制 X、Y、Z 三轴中的两个直线坐标轴联动外，还同时控制围绕其中某一直线坐标轴旋转的旋转坐标轴。如车削加工中心，在控制纵向(Z 轴)、横向(X 轴)两个直线坐标轴联动外，还需控制围绕 Z 轴旋转的主轴(C 轴)联动。三轴联动就可加工曲面零件，如图 1-7(c)所示。

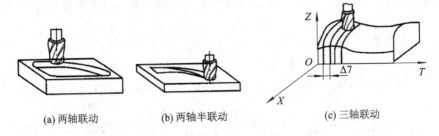

(a) 两轴联动　　　　(b) 两轴半联动　　　　(c) 三轴联动

图 1-7　不同形面铣削的联动轴数

4）多轴联动数控机床

四轴及四轴以上联动称为多轴联动。四轴联动就是同时控制三个直线坐标轴 X、Y、Z 和一个旋转轴联动，如图 1-8 所示。五轴联动在控制三个直线坐标轴 X、Y、Z 联动的同时，还控制围绕这些直线坐标轴旋转的 A、B、C 坐标轴中的两个坐标。这时刀具可以被确定在空间的任意方向，如图 1-9 所示。

图 1-8　四轴联动数控机床

图 1-9　五轴联动镗铣加工中心

1.2.5　按功能分类

按照数控系统的功能水平，通常将数控系统分为低、中、高三档，其中，低档也称为经济型数控机床，中、高档一般称为全功能型或标准型数控机床。这种分类方法的界线是相对的，不同时期的划分标准会有所不同。

1.2.6　主要数控机床介绍

1. 数控车床

数控车床主要用于加工轴类、盘套类等回转体零件，能够进行圆柱面、锥面、圆弧、螺纹、切槽和钻、扩、铰孔等工序的切削加工，如图 1-10 所示。

图 1-10　数控车床

2. 数控铣床

数控铣床可以三坐标联动，用于加工各类复杂的零件、曲面和壳体类零件，如图 1-11 所示。

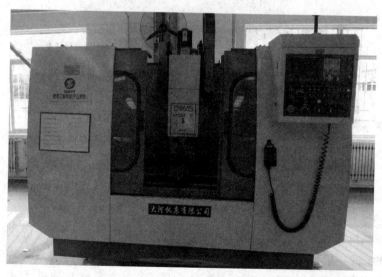

图 1-11　数控铣床

3．加工中心

加工中心具有自动刀具交换装置，主要用于加工箱体类零件和复杂曲面零件，能对零件进行铣、镗、钻、扩、铰、攻螺纹等工序的加工，如图 1-12 所示。

图 1-12　加工中心

4．数控磨床

数控磨床主要用于加工高硬度、高精度表面，如图 1-13 所示。

图 1-13　数控磨床

5．数控电火花成型机床

数控电火花成型机床采用的是一种特种的加工方法，它是利用两个不同极性的电极在绝缘液体中产生放电现象，来去除材料进而完成加工的。该机床主要用于形状复杂的模具、复杂型腔和精密零部件等各种导电体的加工。该机床实物如图 1-14 所示。

6．数控线切割机床

数控线切割机床如图 1-15 所示，它的工作原理与数控电火花成型机床一样，其电极是电极丝，加工液一般采用去离子水，用于一般切削加工方法难以加工或无法加工的硬质合金和淬火钢等高硬度、复杂轮廓形状的板状金属工件，尤其针对冲裁（落料）模具中的凸凹模。

10

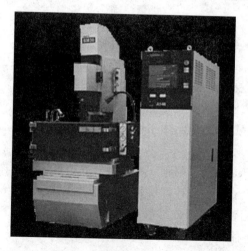

图 1-14 数控电火花成型机床

图 1-15 数控线切割机床

1.3 数控机床的组成及各部分的功能

1.3.1 数控机床的组成

数控机床是机电一体化的典型产品，是集机床、计算机、电机拖动、自动控制、检测等技术为一体的自动化设备。数控机床的基本组成包括加工程序输入/输出装置、数控装置、伺服驱动系统、辅助控制系统、检测反馈系统及机床本体，如图 1-16 所示。

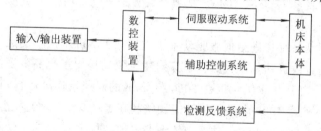

图 1-16 数控机床的组成

1）输入/输出装置

键盘和显示器是数控系统不可缺少的输入/输出设备，操作人员可通过键盘和显示器输入简单的加工程序、编辑修改程序和发送操作命令，即进行手工数据输入（MDI，Manual Data Input），因而键盘是交互设备中最重要的输入设备。数控系统通过显示器为操作人员提供必要的信息，根据数控系统所处的状态和操作命令的不同，显示的信息可以是正在编辑的程序、机床的加工信息或是显示加工轨迹的图形。

2）数控（CNC）装置

数控装置是数控机床的中枢，目前，绝大部分数控机床采用微型计算机控制。数控装置由硬件和软件组成，没有软件，计算机数控装置就无法工作；没有硬件，软件也无法运行。图 1-17 中虚线框内包含的部分是数控装置硬件结构框图，它由运算器、控制器（运算器和控制器构成 CPU）、存储器、输入接口、输出接口等组成。

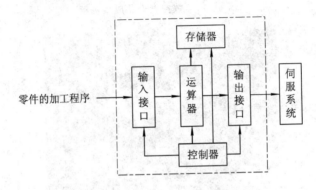

图 1-17　数控装置结构框图

输入接口接收输入的代码信息，经过识别与译码之后送到指定存储区，作为控制与运算的原始数据。简单的加工程序可用手动数据输入方式（MDI）输入，即在键盘控制程序的控制下，操作人员直接用键盘把工件加工程序输入存储器。数控机床的加工过程可概括为：数据处理、插补运算和位置控制三个基本部分，整个过程在系统管理程序的控制下有条不紊地进行工作。

3）伺服驱动系统

数控机床的伺服驱动系统分为进给伺服驱动系统和主轴驱动系统。进给伺服驱动的作用是把来自数控装置的位置控制移动指令转变成机床工作部件的运动，使工作台按规定轨迹移动或精确定位，加工出符合图样要求的工件。因此进给伺服驱动系统除了是数控装置和机床本体之间的联系环节外，还必须把数控装置送来的微弱指令信号放大成能驱动伺服电机的大功率信号。

机床的主轴驱动系统和进给伺服驱动系统差别很大，机床主轴的运动是旋转运动，机床进给运动主要是直线运动。现代数控机床对主轴驱动提出了更高的要求，要求主轴具有很高的转速（液压冷却静压主轴可以在 20000 r/min 的高速下连续运行）和很宽的无级调整范围，能在 1∶100～1∶1000 内进行恒转矩调整和在 1∶10～1∶30 内进行恒功率调整；对于主传动电机，既要求能输出大的功率，又要求主轴结构简单，同时数控机床的主驱动系统能在主轴的正反方向都可以实现转动和加减速。为了使数控车床进行螺纹车削加工，要求主轴和进给驱动实现同步控制；在加工中心上为了能自动换刀，还要求主轴能实现正反方向加速、减速控制，为了保证每次自动换刀时刀柄上的键槽对准主轴上的端面键，以及精镗孔后退刀时不会划伤已加工表面，要求主轴能进行高精度的准停控制。

4）辅助控制系统

辅助控制装置的主要作用是接收数控装置输出的开关量指令信号，经过编译、逻辑判别，再经功率放大后驱动相应的电器，带动机床的机械、液压、气动等辅助装置完成指令规定的开关量动作。这些控制包括主轴运动部件的变速、换向和启停指令，刀具的选择和交换指令，冷却、润滑装置的启动停止，工件和机床部件的松开、夹紧，分度工作台转位分度等开关辅助动作。

5）检测反馈系统

反馈系统的作用是通过测量装置将机床移动的实际位置、速度参数检测出来，转换成电信号，并反馈到 CNC 装置中，使 CNC 能随时判断机床的实际位置、速度是否与指令一致，并发出相应指令，纠正所产生的误差。

测量装置安装在数控机床的工作台或丝杠上，相当于普通机床的刻度盘和人的眼睛。按有无检测装置，CNC 系统可分为开环与闭环系统，而按测量装置安装的位置不同又可分为闭环与半闭环数控系统。开环数控系统的控制精度取决于步进电机和丝杠的精度，闭环数控系统的精度取决于测量装置的精度。因此，检测装置是高性能数控机床的重要组成部分。

6）机床本体

数控机床的机械部件包括：主运动部件和进给运动执行部件，如工作台、拖板及其传动部件，床身、立柱等支承部件；此外，还有冷却、润滑、转位和夹紧等辅助装置。对于加工中心类的数控机床，还有存放刀具的刀库、交换刀具的机械手等部件。

1.3.2 数控机床的主要机械结构

数控机床是高精度和高生产率的自动化机床，其加工过程中的动作顺序、运动部件的坐标位置及辅助功能，都是通过数字信息自动控制的，所以数控机床比普通机床设计得更为完善，制造得更为精密。数控机床的机械结构，除机床基础部件外，主要组成有：主传动系统；进给系统；刀架或自动换刀装置（ATC）；实现某些部件动作和辅助功能的系统和装置，如液压、气动、润滑、冷却等系统和排屑、防护等装置。

1. 数控机床主传动系统

1）主传动系统的分类

为了适应不同的加工要求，目前主传动系统大致可以分为三类。

（1）二级以上变速的主传动系统。

图 1-18(a)所示为使用滑移齿轮实现二级变速的主传动系统。滑移齿轮的移位大都采用液压拨叉或直接由液压油缸带动齿轮来实现。通过少数几对齿轮降速，扩大了输出转矩，满足了主轴低速时对输出转矩特性的要求。也就是说，数控机床在交流或直流电动机无级变速的基础上配以齿轮变速，可实现分段无级变速，增加调速范围。其优点是能够满足各种切削运动的转矩输出，且具有大范围调节速度的能力。但由于结构复杂，需要增加润滑及温度控制装置，成本较高，制造和维修也比较困难。大、中型数控机床常采用这种变速方式。

13

14

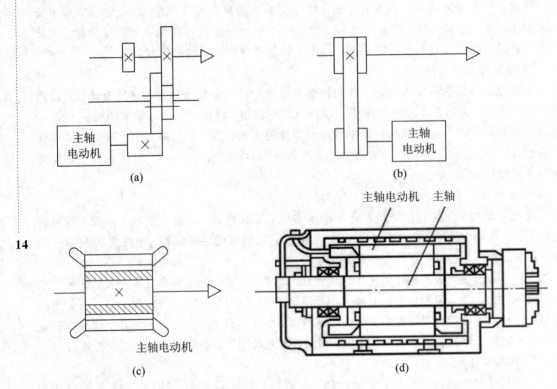

图 1-18 数控机床主传动系统分类

（2）一级变速器的主传动系统。

图 1-18（b）所示为采用皮带（同步齿形带）传动装置实现一级变速的主传动系统。这种传动主要应用在转速较高、变速范围不大的小型数控机床上。电动机本身的调速能够满足变速要求，不用齿轮变速，避免了由齿轮传动时所引起的振动与噪声，适用于高速、低转矩特性要求的主轴。常用的传动带有同步齿形带和多楔带。

（3）调速电机直接驱动的主传动系统。

调速电机直接驱动的主传动系统有两种类型，一种是主轴电动机输出轴通过精密联轴器直接与主轴连接，其优点是结构紧凑、传动效率高，但主轴转速的变化及转矩的输出完全受电动机的限制，随着主轴电动机性能的提高，这种形式越来越多地被采用，如图 1-18（c）所示。另一种是内装电动机主轴，如图 1-18（d）所示，主轴与电动机转子做成一体，简称电主轴。这样，电机的转子就是机床的主轴，电机与机床主轴这种"合二为一"的传动结构形式把机床主传动链的长度缩短为零，实现了机床的"零传动"。该结构紧凑、重量轻、惯性小、易于平衡、噪声小、传动效率高，缺点是主轴输出扭矩小，电动机发热对主轴的精度影响较大。

2）主轴部件

数控机床主轴部件包括主轴的支承以及安装在主轴上的传动零件等。由于主轴部件的精度、刚度和热变形会直接影响零件的加工质量，因而主轴部件应满足：① 较高的回转精度；② 较高的结构刚度和抗震性；③ 主轴温升的控制和热稳定性；④ 部件的耐磨性和精度保持能力等。对于自动换刀数控机床，为了实现刀具在主轴上的自动装卸与夹持，还必须有刀具的自动夹紧装置、主轴准停装置和主轴孔的清理装置等结构。

（1）主轴端部结构。

主轴端部用于安装刀具或夹持工件的夹具。在设计要求上，应能保证定位准确、安装可靠、连接牢固、装卸方便，并能传递足够扭矩。主轴端部的结构形状都已标准化，图1-19所示为车、铣、磨三种主要数控机床的结构形式。

图1-19(a)所示为车床主轴端部，卡盘靠前端的短圆锥和凸缘端面定位，用拔销传递扭矩。卡盘装有固定螺栓，装于主轴端部时，螺栓从凸缘上的孔中穿过，转动快卸卡板将数个螺栓同时拴住，再拧紧螺母将卡盘固定在主轴端部。主轴为空心，前端有莫氏锥度孔，用以安装顶尖或心轴。

图1-19(b)所示为铣、镗类机床的主轴端部，铣刀或刀杆在前端7∶24的锥孔内定位，并用拉杆从主轴后端拉紧，同时由前端的端面键传递扭矩。

图1-19(c)为磨床砂轮主轴的端部。

15

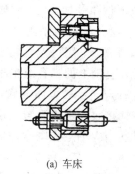
(a) 车床

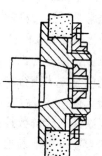

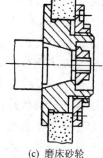
(b) 铣、镗类机床

(c) 磨床砂轮

图1-19　主轴端部结构形状

（2）主轴部件的支承。

机床主轴带着刀具或夹具在支承中作回转运动，应能传递切削扭矩、承受切削抗力，并保证必要的旋转精度。机床主轴多采用滚动轴承作为支承。对于精度要求高的主轴则采用动压或静压滑动轴承作为支承。主轴部件的支承常用的滚动轴承有：角接触球轴承、圆柱滚子轴承、60°角接触推力调心球轴承和圆锥滚子轴承。实际应用中，主轴轴承常见的配置如图1-20(a)所示，结构为前支承采用双列短圆柱滚子轴承和60°角接触推力双列调心球轴承组合，后支承采用成对向心推力球轴

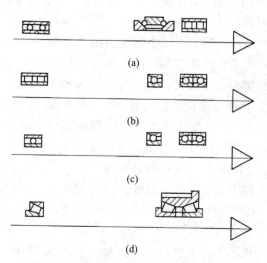
图1-20　主数控机床主轴轴承配置形式

承。这种结构的综合刚度高，可以满足强力切削要求，主要适用于大中型卧式加工中心主轴和强力切削数控机床主轴的支承。

图1-20(b)所示结构为前支承采用角接触球轴承，由几个轴承组成一套，背靠背安装，承受径向载荷和轴向载荷，后支承采用双列短圆柱滚子轴承。这种结构能承受的轴向载荷比前一配置要小，主轴部件精度较好。适用于高速、重载的数控机床主轴的支承。

图1-20(c)所示结构的前支承采用多个高精度双列向心推力球轴承，后支承采用单列角接触球轴承。这种配置的高速性能好，但承载能力较小，适用于高速、轻载和精密数控机床主轴的支承。

图1-20(d)所示结构为前支承采用双列圆锥滚子轴承，后支承为单列圆锥滚子轴承。这种配置的径向和轴向刚度很高，可承受重载荷，但这种结构限制了主轴最高转速和精度，因而仅适用于中等精度、低速与重载的数控机床主轴的支承。

3）主轴的准停功能

主轴的准停是指主轴具有准确定位于圆周上特定角度的功能，即数控机床的主轴每次能准确停止在一个固定的位置上。在数控加工中心上进行自动换刀时，需要让主轴停止转动，并且准确地停在一个固定的位置上，以便换刀。在自动换刀的数控加工中心上，切削扭矩通常是通过刀杆的端面键来传递的，这就要求在进行反镗或反倒角等加工时，主轴能实现准停，使刀尖停在一个固定的方位上。为此，加工中心的主轴必须具有准停装置。

准停装置分为机械式和电气式两种。机械准停装置比较准确可靠，采用机械凸轮等机构和光电盘方式进行初定位，然后由一个定位销（液动或气动）插入主轴上的销孔或销槽来完成精定位，换刀后定位销退出，主轴才可旋转。用这种方法进行定向比较可靠准确，但结构复杂。现代的数控机床一般都采用电气式主轴准停装置，主轴接收到数控系统发出的指令信号就可以准确地定向。较常用的电气方式有两种：一种是利用主轴上光电脉冲发生器的同步脉冲信号；另一种是用磁力传感器检测定向。

机械准停装置中较典型的 V 形槽轮定位盘准停机构如图 1-21 所示。其工作过程如下，带有 V 形槽的定位盘与主轴端面保持一定的位置关系，以实现定位。当执行准停控制指令 M19 时，首先使主轴降速至某一可以设定的低速转动，然后当无触点开关有效信号被检测到后，立即使主轴电动机停转并断开主轴传动链，此时主轴电动机与主传动件依惯性继续空转，同时准停液压缸定位销伸出并压向接触定位盘。当定位盘 V 形槽与定位销对正时，由于液压缸的压力，定位销插入 V 形槽，准停到位检测开关 LS$_2$ 信号有效，表明准停动作完成，而 LS$_1$ 为准停释放信号。采用这种准停方式时，必须要有一定的逻辑互锁，即当 LS$_2$ 有效后，才能进行下面的诸如换刀等动作；而只有当 LS$_1$ 有效时，才能启动主轴电动机正常运转。上述准

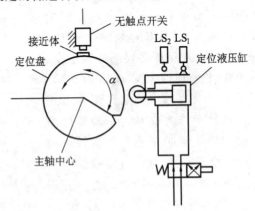

图 1-21　机械准停装置原理示意图

停控制通常可由数控系统所配的可编程控制器完成。机械准停还有其他方式，如端面螺旋凸轮准停等，但其基本原理类同。

图1-22所示为电气式磁传感主轴准停系统，它的工作过程如下：当主轴转动或停止

时，接收到数控系统发来的准停开关信号，主轴立即减速或加速至某一准停速度。主轴到达准停速度且准停位置到达时（即磁发体与磁传感器对准），主轴即减速至某一爬行速度。然后当磁传感器信号出现时，主轴驱动立即进入以磁传感器作为反馈元件的位置闭环控制，目标位置即为准停位置。准停完成后，主轴驱动装置输出准停完成信号给数控系统，从而可进行自动换刀或其他动作。

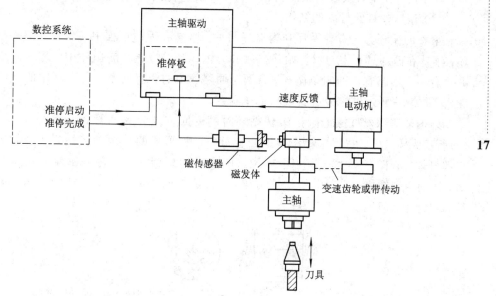

图 1-22 电气式磁传感器主轴准停装置

2.数控机床进给系统

数控机床进给系统，尤其是轮廓控制系统，必须对进给运动的位置和运动的速度两个方面同时实现自动控制。典型的数控机床闭环控制的进给系统通常由位置比较和放大单元、驱动单元、机械传动装置及检测反馈元件等几部分组成。机械传动装置是指将驱动源旋转运动变为工作台直线运动的整个机械传动链，包括减速装置、转动变移动的丝杠螺母副及导向元件等。为确保数控机床进给系统的传动精度、灵敏度和工作稳定性，数控机床一般采用低摩擦的传动副，如滚珠丝杠、减摩滑动导轨、滚动导轨及静压导轨等。

1）滚珠丝杠螺母副

滚珠丝杠螺母副是回转运动与直线运动相互转换的传动装置，在数控机床上得到了广泛的应用。它的结构特点是在具有螺旋槽的丝杠螺母间装有滚珠，以此作为中间传动元件，以减少摩擦，其工作原理如图 1-23 所示。图中丝杠和螺母上都加工有圆弧形的螺旋槽，当它们对合起来就形成了螺旋滚道。在滚道内装有滚珠，当丝杠与螺母相对运动时，滚珠沿螺旋槽向前滚动，在丝杠上滚过数圈以后通过回程引导装置，逐个地又滚回到丝杠和螺母之间，构成一个闭合的回路管道。

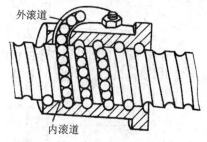

图 1-23 滚珠丝杠螺母副的原理图

滚珠丝杠螺母副的优点是摩擦系数小，传动效率高，η可达 $0.92\sim0.96$，所需传动转矩小；灵敏度高，传动平稳，不易产生爬行现象，随动精度和定位精度高；磨损小，寿命长，精度保持性好；可通过预紧和间隙消除措施提高轴向刚度和反向精度；运动具有可逆性，不仅可以将旋转运动变为直线运动，也可将直线运动变为旋转运动。缺点是制造工艺复杂，成本高，在垂直安装时不能自锁，因而需附加制动机构。

（1）滚珠丝杠螺母副的结构。

滚珠的循环方式有外循环和内循环两种。滚珠在返回过程中与丝杠脱离接触的为外循环；滚珠在循环过程中与丝杠始终接触的为内循环。在内、外循环中，滚珠在同一个螺母上只有一个回路管道的叫单循环，有两个回路管道的叫双列循环。循环中的滚珠叫工作滚珠，工作滚珠所走过的滚道圈数叫工作圈数。

外循环滚珠丝杠螺母副按滚珠循环时的返回方式分为插管式和螺旋槽式。图 1-24 **18**（a）所示为插管式，它用弯管作为返回管道。这种形式的结构工艺性好，但由于管道突出于螺母体外，径向尺寸较大。图 1-24(b)所示为螺旋槽式，它是在螺母外圆上铣出螺旋槽，槽的两端钻出通孔并与螺纹滚道相切，形成返回通道。这种形式的结构比插管式结构径向尺寸小，但制造上较为复杂。

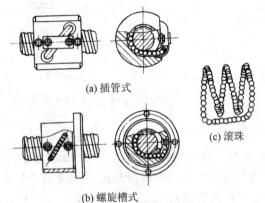

(a) 插管式

(b) 螺旋槽式

(c) 滚珠

图 1-24　外循环滚珠丝杠

图 1-25 为内循环结构。在螺母的侧孔中装有圆柱凸键式反向器，反向器上铣有 S 形回珠槽，将相邻两螺纹滚道联结起来。滚珠从螺纹滚道进入反向器，借助反向器迫使滚珠越过丝杠牙顶进入相邻滚道，实现循环。一般一个螺母上装有 2～4 个反向器，反向器沿螺母圆周等分分布。

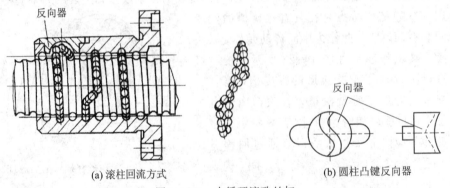

(a) 滚柱回流方式

(b) 圆柱凸键反向器

图 1-25　内循环滚珠丝杠

（2）滚珠丝杠螺母副的安装支承方式。

数控机床的进给系统要获得较高的传动刚度，除了加强滚珠丝杠副本身的刚度外，滚珠丝杠的正确安装及支承结构的刚度也是不可忽视的因素。如为减少受力后的变形，螺母座应有加强肋，增大螺母座与机床的接触面积，并且要联结可靠。采用高刚度的推力轴承以提高滚珠丝杠的轴向承载能力。

滚珠丝杠的支承方式有以下几种，如图 1-26 所示。

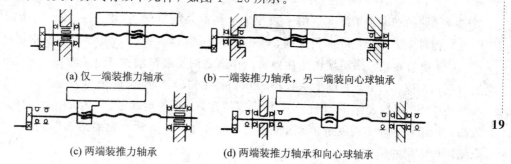

(a) 仅一端装推力轴承　　　　(b) 一端装推力轴承，另一端装向心球轴承

(c) 两端装推力轴承　　　　(d) 两端装推力轴承和向心球轴承

图 1-26　滚珠丝杠在机床上的支承方式

图 1-26（a）所示为一端装推力轴承。这种安装方式只适用于行程小的短丝杠，它的承载能力小，轴向刚度低，一般用于数控机床的调节环节或升降台式铣床的垂直坐标进给传动结构中。

图 1-26（b）所示为一端装推力轴承，另一端装向心球轴承。此种方式用于丝杠较长的情况，当热变形造成丝杠伸长时，其一端固定，另一端能作微量的轴向浮动。为减少丝杠热变形带来的影响，安装时应使电机热源和丝杠工作时的常用段远离止推端。

图 1-26（c）所示为两端装推力轴承。把推力轴承装在滚珠丝杠的两端，并施加预紧力，可以提高轴向刚度，但这种安装方式对丝杠的热变形较为敏感。

图 1-26（d）所示为两端装推力轴承及向心球轴承。它的两端均采用双重支承并施加预紧力，使丝杠具有较大的刚度，这种方式还可使丝杠的温度变形转化为推力轴承的预紧力，但设计时要求提高推力轴承的承载能力和支架刚度。

2）数控机床导轨副

（1）导轨的基本要求。

机床上的运动部件都是沿着它的床身、立柱、横梁等部件上的导轨而运动的，导轨的功用可概括为起导向和支承作用。因此，导轨的制造精度及其精度保持性，对机床加工精度有着重要的影响。在设计导轨时应考虑以下问题：

① 有一定的导向精度。导向精度是指机床的运动部件沿导轨移动的直线性（对于直线运动的导轨）或真圆性（对于圆运动的导轨）及它与有关基面之间相互位置的准确性。各种机床对于导轨本身的精度都有具体的规定或标准，以保证该导轨的导向精度。

② 有良好的精度保持性。精度保持性是指导轨能否长期保持原始精度，而丧失精度保持性的主要因素是由于导轨的磨损，还与导轨结构形式及支承件（如床身）材料的稳定性有关。

③ 有足够的刚度。机床各运动部件所受的外力，最后都由导轨面来承受，若导轨受力

后变形过大,不仅会破坏导向精度,还会恶化导轨的工作条件。导轨的刚度主要决定于导轨类型、结构形式、尺寸大小、导轨与床身的连接方式、导轨材料和表面加工质量等。数控机床常采用加大导轨截面积的尺寸,或在主导轨外添加辅助导轨来提高刚度。

④ 有良好的摩擦性。导轨的摩擦系数要小,而且动、静摩擦系数应尽量接近,以减小摩擦阻力和导轨热变形,使运动轻便平稳,低速无爬行,这对数控机床特别重要。

此外,导轨结构工艺性要好,可便于制造和装配,便于检验、调整和维修,而且要有合理的导轨防护和润滑措施等。由于数控进给伺服系统有前述"稳、准、快"等指标的要求,因此数控机床上常采用导向精度高、摩擦系数小的滚动导轨、静压导轨或贴塑滑动导轨。

(2) 滚动导轨。滚动导轨是在导轨工作面之间安装滚动件,使导轨面之间由滑动摩擦变为滚动摩擦。因此,其摩擦系数小(0.0025~0.005),动、静摩擦力相差甚微,运动灵活,所须功率小,摩擦发热小,磨损小,精度保持性好,低速运动平稳,移动精度和定位精度都较高。但滚动导轨结构复杂、制造成本高、抗震性差。滚动导轨的结构形式有多种,下面介绍两种常用的结构。

① 滚动导轨块。由标准导轨块构成的滚动导轨具有效率高、灵敏性好、寿命长、润滑简单及拆装方便等优点。标准导轨块结构形式如图 1-27 所示,它多用于中等负荷导轨。滚动导轨块由专业厂商生产,有多种规格、形式可供用户选择。使用时,导轨块装在运动部件上,当运动部件移动时,滚珠 3 在支承部件的导轨面与本体 6 之间移动,同时又绕本体 6 循环滚动。与之相配的导轨多用镶钢淬火导轨。

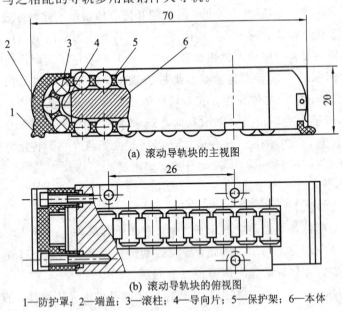

(a) 滚动导轨块的主视图

(b) 滚动导轨块的俯视图

1—防护罩;2—端盖;3—滚柱;4—导向片;5—保护架;6—本体

图 1-27 滚动导轨块结构原理

② 直线滚动导轨。直线滚动导轨是近年来新出现的一种滚动导轨,其突出的优点为无间隙,并且能够施加预紧力,导轨的结构如图 1-28 所示。直线滚动导轨由导轨体、滑块、滚珠、保持器、端盖等组成,它由生产厂家成组装成,故又称单元式直线滚动导轨。使用时,导轨体固定在不运动的部件上,滑块固定在运动部件上。当滑块沿导轨体移动时,

滚珠在导轨体和滑块之间的圆弧直槽内滚动，并通过端盖内的滚道，从工作负荷区移到非工作负荷区，然后再滚动回工作负荷区，不断循环，从而把导轨体和滑块之间的移动变成滚珠的滚动。目前，国内外中小型数控机床上广泛采用这种导轨。

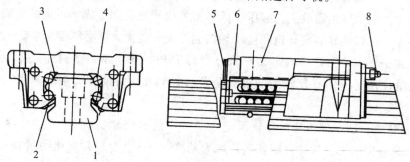

1—导轨体；2—侧面密封垫；3—保持器；4—承载球列；5—端部密封垫；6—端盖；7—滑块；8—润滑油杯

图 1-28 单元式直线滚动导轨

预紧可以提高滚动导轨的刚度，但预紧力应选择适当。根据结构的不同，滚动导轨出厂前有的已预紧，有的需由用户预紧，不进行预紧会使牵引力显著增加。预紧的方法有以下两种：

采用过盈配合实现预紧（如图 1-29(a)所示），在装配导轨时测量出实际尺寸 A，然后再刮研压板与溜板的结合面或通过改变其间垫片的厚度，由此形成包容尺寸 $A-\delta$（δ 为过盈量，其数值通过实际测量决定）。

采用调整元件实现预紧（如图 1-29(b)所示），拧动调整螺钉 3，即可调整导轨体 1 和 2 的距离而预加负载。也可以改用斜镶条调整，这样过盈量沿导轨全长的分布就比较均匀。

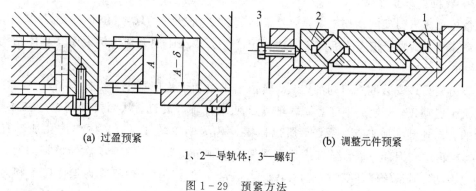

(a) 过盈预紧　　　　　　　　　　　　　　(b) 调整元件预紧

1、2—导轨体；3—螺钉

图 1-29 预紧方法

（3）静压导轨。

静压导轨的滑动面之间开有油腔，有一定压力的油通过节流器输入油腔，形成压力油膜，浮起运动部件，使导轨工作面处于纯液体摩擦工况，不产生磨损，精度保持好，同时摩擦系数也极低(0.0005)，可使驱动功率大为降低。其运动不受速度和负载的限制，且低速无爬行、承载能力好、刚度好、油液有吸振作用、抗震性好，导轨摩擦发热也小。其缺点是结构复杂，要有供油系统、油的清洁度要求高，多用于重型机床。

（4）塑料滑动导轨。

① 注塑导轨。导轨注塑的材料是以环氧树脂和二硫化钼为基体，加入增塑剂，混合成膏状为一组分、固化剂为另一组分的双组分塑料，国内牌号 HNT 称为环氧树脂耐磨涂料。这种涂料附着力强，可用涂敷工艺或压注成形工艺涂到预先加工成锯齿形的导轨上。导轨注塑工艺简单，在调整好固定导轨和运动导轨间相关位置上，涂层厚度为 1.5～2.5 mm 精度后注入双组分塑料，固化后将定动导轨分离即成塑料导轨副。塑料涂层导轨摩擦因数小，在无润滑油情况下仍有较好的润滑和防爬行的效果，目前在大型和重型机床上应用较多。

② 贴塑导轨。贴塑导轨是在导轨滑动面上贴一层抗磨塑料软带，与之相配的导轨滑动面经淬火和磨削加工。软带以聚四氟乙烯为基材，添加合金粉和氧化物制成。塑料软带可切成任意大小和形状，用黏结剂粘接在导轨基面上（一般粘接在机床导轨副的短导轨面上）。由于这类导轨软带用粘接方法，习惯上称之为贴塑导轨。

（5）导轨的润滑与防护。

为了减少摩擦阻力和摩擦磨损，避免导轨低速"爬行"和降低高速时的温升，导轨需要进行润滑。常用的润滑剂有润滑油和润滑脂，前者用于滑动导轨，而滚动导轨两者都用。滑动导轨的润滑主要采用压力润滑，一般常用压力循环润滑和定时定量润滑两种方式。为了防止切屑、磨粒或切削液散落在导轨面上而引起磨损加快、擦伤和锈蚀，导轨面上应有可靠的防护装置（如刮板式、卷帘式和叠层式防护套）。

3. 数控机床刀架

刀架是数控机床的重要功能部件，其结构类型很多，主要取决于机床的形式、工艺范围以及刀具的种类和数量等。下面介绍几种典型的刀架结构。

1）数控车床方刀架

数控车床方刀架的动作要求是：刀架抬起、刀架转位、刀架定位和夹紧刀架。为完成上述动作要求，要有相应的机构来实现，下面就以 WZD4 型刀架为例说明其具体结构，如图 1-30 所示。

该刀架可以安装四把不同的刀具，转位信号由加工程序指定。当换刀指令发出后，小型电机 1 启动正转，通过平键套筒联轴器 2 使蜗杆轴 3 转动，从而带动蜗轮丝杠 4 转动。蜗轮的上部外圆柱加工有外螺纹，所以该零件称为蜗轮丝杠。刀架体 7 内孔加工有内螺纹，与蜗轮丝杠旋合。蜗轮丝杠内孔与刀架中心轴外圆是滑动配合，在转位换刀时，中心轴固定不动，蜗轮丝杠环绕中心轴旋转。当蜗轮开始转动时，由于在刀架底座 5 和刀架体 7 上的端面齿处在啮合状态，且蜗轮丝杠轴向固定，这时刀架体 7 抬起。当刀架体抬至一定距离后，端面齿脱开。转位套 9 用销钉与蜗轮丝杠 4 连接，随蜗轮丝杠一同转动，当端面齿完全脱开，转位套正好转过 160°（如图 1-30(c) 所示）时，球头销 8 在弹簧力的作用下进入转位套 9 的槽中，带动刀架体转位。刀架体 7 转动时带着电刷座 10 转动，当转到程序指定的刀号时，粗定位销 15 在弹簧的作用下进入粗定位盘 6 的槽中进行粗定位，同时电刷 13、14 接触导通，使电机 1 反转。由于粗定位槽的限制，刀架体 7 不能转动，使其在该位置垂直落下，刀架体 7 和刀架底座 5 上的端面齿啮合，实现精确定位。电机继续反转，此时蜗轮停止转动，蜗杆轴 3 继续转动，随着夹紧力增加，转矩不断增大，达到一定值时，在传感器的控制下，电机 1 停止转动。

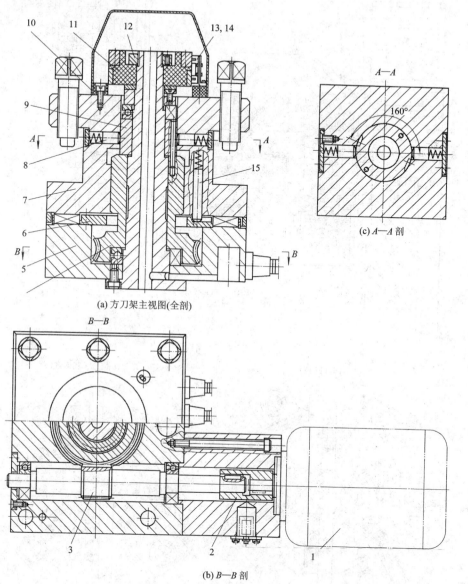

(a) 方刀架主视图(全剖)

(c) A—A 剖

(b) B—B 剖

1—电机；2—联轴器；3—蜗杆轴；4—蜗轮丝杠；5—刀架底座；6—粗定位盘；7—刀架体；8—球头销；9—转位套；10—电刷座；11—发信体；12—螺母；13、14—电刷；15—粗定位销

图 1-30　数控车床方刀架结构

译码装置由发信体 11、电刷 13、14 组成，电刷 13 负责发信，电刷 14 负责位置判断。当刀架定位出现过位或不到位时，可松开螺母 12，调好发信体 11 与电刷 14 的相对位置。

这种刀架在经济型数控车床及普通车床的数控化改造中得到了广泛的应用。

2）自动回转刀架

图 1-31 所示为 CK7815 型数控车床采用的 BA200L 刀架结构图。该刀架可配置 12 位（A 型或 B 型）、8 位（C 型）刀盘。

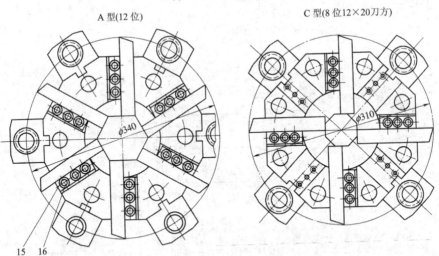

(a) BA200L 刀架结构

A 型(12 位)　　　　　　　　　　　C 型(8 位12×20刀方)

(b) A型、C型刀盘

1—刀架；2、3—端面齿盘；4—滑块；5—蜗轮；6—轴；7—蜗杆；8、9、10—传动齿轮；11—电机；12—微动开关；13—小轴；14—圆环；15—压板；16—楔铁

图 1-31　回转刀架

　　刀架转位为机械传动，端面齿盘定位。转位开始时，电磁制动器断电，电机11通电转动，通过传动齿轮10、9、8带动蜗杆7旋转，使蜗轮5转动。蜗轮内孔有螺纹，与轴6上的螺纹配合。端面齿盘3被固定在刀架箱体上，轴6固连在端面齿盘2上，端面齿盘2、3处于啮合状态，所以，当蜗轮转动时，使得轴6、端面齿盘2和刀架1同时向左移动，直到

端面齿盘 2、3 脱离啮合。轴 6 的外圆柱面上有两个对称槽，内装滑块 4。蜗轮 5 的右侧固连圆环 14，圆环左侧端面上有凸块，所以蜗轮和圆环同时旋转。当端面齿盘 2、3 脱开后，与蜗轮固定在一起的圆环 14 上的凸块正好碰到滑块 4，蜗轮继续转动，通过圆环 14 上的凸块带动滑块连同轴 6、刀盘一起进行转位。到达要求位置后，电刷选择器发出信号，使电机 11 反转，这时蜗轮 5 及圆环 14 反向旋转，凸块与滑块 4 脱离，不再带动轴 6 转动；同时，蜗轮 5 与轴 6 上的旋合螺纹使轴 6 右移，端面齿盘 2、3 啮合并定位。压紧端面齿盘的同时，轴 6 右端的小轴 13 压下微动开关 12，发出转位结束信号，电机断电，电磁制动器通电，维持电动机轴上的反转力矩，以保持端面齿盘之间有一定的压紧力。刀具在刀盘上由压板 15 及调节楔铁 16（见图 1-31(b)）来夹紧，更换和对刀十分方便。

　　3）自动换刀

　　加工中心是一种备有刀库并能自动更换刀具对工件进行多工序加工的数控机床。工件经一次装夹后，数控系统能控制机床按不同工序自动选择和更换刀具；自动改变机床主轴转速、进给量和刀具相对工件的运动轨迹及其他辅助机能；依次完成工件几个面上多工序的加工。由于加工中心能集中完成多种工序，因而可减少工件装夹、测量和机床的调整时间，减少工件周转、搬运和存放时间，使机床的切削利用率提高，具有良好的经济效果。

　　自动换刀系统是加工中心的重要组成部分，主要包括刀库、刀具交换装置（机械手）等部件。刀库是存放加工过程所要使用的全部刀具的装置，刀库的容量从几把刀具到上百把刀具。当需要换刀时，根据数控机床指令，由机械手将刀具从刀库取出并装入主轴中心。机械手的结构根据刀库与主轴的相对位置及结构的不同也有多种形式。鼓轮式刀库之一的结构形式如图 1-32 所示

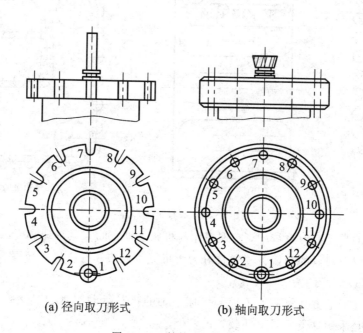

(a) 径向取刀形式　　　　　　(b) 轴向取刀形式

图 1-32　鼓轮式刀库之一

　　图 1-33 所示为刀具径向安装在刀库上（见图(a)）和刀具轴线与鼓轮轴线成一定角度分布的结构（见图(b)），这种结构占地面积较大。

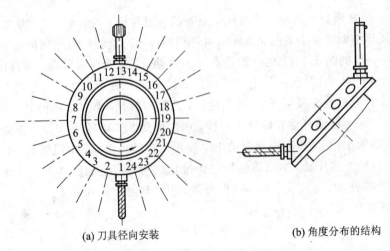

(a) 刀具径向安装　　　　　　　　　　(b) 角度分布的结构

图 1-33　鼓轮式刀库之二

　　链式刀库是在环形链条上装有许多刀座，刀座的孔中装夹各种刀具，链条由链轮驱动。链式刀库适用于刀库容量较大的场合，且多为轴向取刀。链式刀库有单环链式和多环链式等几种，如图 1-34(a)、(b)所示。当链条较长时，可以增加支承链轮的数目，使链条折叠回绕，提高了空间利用率，如图 1-34(c)所示。除此之外，还有格子箱式刀库、直线式刀库、多盘式刀库等。

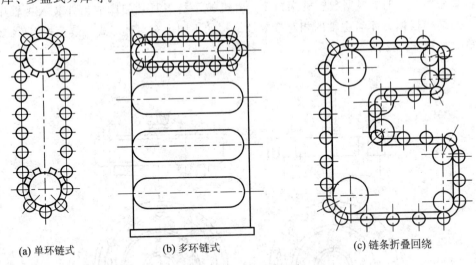

(a) 单环链式　　　　　　(b) 多环链式　　　　　　(c) 链条折叠回绕

图 1-34　各种链式刀库

　　数控机床的自动换刀系统中，实现刀库与机床主轴之间刀具传递和刀具装卸的装置称为刀具交换装置。刀具的交换方式通常分为无机械手换刀和有机械手换刀两大类。

　　(1) 无机械手换刀。

　　无机械手换刀的方式是利用刀库与机床主轴的相对运动实现刀具交换。XH754 型卧式加工中心就是采用这类刀具交换装置的实例。

　　该机床主轴在立柱上可以沿 Y 方向上下移动，工作台横向运动为 Z 轴，纵向移动为 X 轴。鼓轮式刀库位于机床顶部，有 30 个装刀位置，可装 29 把刀具。换刀过程如图 1-35 所示。

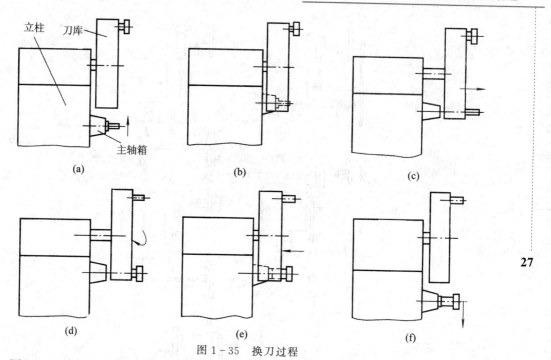

图 1-35 换刀过程

图 1-35(a)：当加工工步结束后执行换刀指令，主轴实现准停，主轴箱沿 Y 轴上升。这时机床上方刀库的空挡刀位正好处在交换位置，装夹刀具的卡爪打开。

图 1-35(b)：主轴箱上升到极限位置，被更换刀具的刀杆进入刀库空刀位，即被刀具定位卡爪钳住，与此同时，主轴内刀杆自动夹紧装置放松刀具。

图 1-35(c)：刀库伸出，从主轴锥孔中将刀具拔出。

图 1-35(d)：刀库转位，按照程序指令要求将选好的刀具转到最下面的位置，同时，压缩空气将主轴锥孔吹净。

图 1-35(e)：刀库退回，同时将新刀具插入主轴锥孔。主轴内刀具夹紧装置将刀杆拉紧。

图 1-35(f)：主轴下降到加工位置后启动，开始下一工步的加工。

这种换刀机构不需要机械手，结构简单、紧凑。由于交换刀具时机床不工作，所以不会影响加工精度，但会影响机床的生产率。其次因刀库尺寸限制，装刀数量不能太多。这种换刀方式常用于小型加工中心。

（2）机械手换刀。

采用机械手进行刀具交换的方式应用得最为广泛，这是因为机械手换刀有很大的灵活性，而且可以减少换刀时间。机械手的结构形式也是多种多样的，因此换刀运动也有所不同。下面以卧式镗铣加工中心为例说明采用机械手换刀的工作原理。

该机床采用的是链式刀库，刀库位于机床立柱左侧。由于刀库中存放刀具的轴线与主轴的轴线垂直，故而机械手需要有三个自由度。机械手沿主轴轴线的插拔刀具动作由液压缸来实现；绕竖直轴 90°的旋转进行刀库与主轴间刀具的传送，由液压马达实现；绕水平轴旋转 180°完成刀库与主轴上的刀具交换的动作，也由液压马达实现。其换刀分解动作如图 1-36 所示。

27

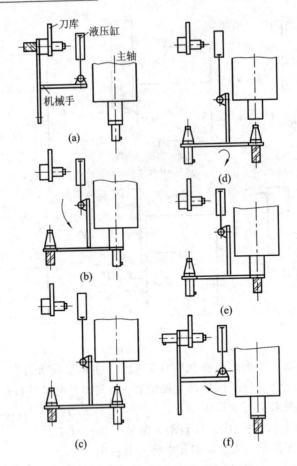

图 1-36　换刀分解动作示意图

图 1-36(a)：抓刀爪伸出，抓住刀库上的待换刀具，将刀库刀座上的锁板拉开。

图 1-36(b)：机械手带着待换刀具绕竖直轴逆时针方向转 90°与主轴轴线平行，另一个抓刀爪抓住主轴上的刀具，主轴将刀杆松开。

图 1-36(c)：机械手前移，将刀具从主轴锥孔内拔出。

图 1-36(d)：机械手绕自身水平轴转 180°，将两把刀具交换位置。

图 1-36(e)：机械手后退，将新刀具装入主轴，主轴将刀具锁住。

图 1-36(f)：抓刀爪缩回，松开主轴上的刀具。机械手绕竖直轴顺时针转 90°将刀具放回刀库的相应刀座上，并将上的锁板合上。最后，抓刀爪缩回，松开刀库上的刀具，恢复到原始位置。

为防止刀具掉落，各种机械手的刀爪都必须带有自锁机构。图 1-37 是机械手臂和刀爪部分的构造。刀爪部分可有两个固定刀爪 5，每个刀爪上还有一个活动销 4，可依靠后面的弹簧 1，在抓刀后顶住刀具。为了保证机械手在运动时刀具不被甩出，有一个锁紧销 2，当活动销 4 顶住刀具时，锁紧销 2 就被弹簧 3 弹起，将活动销 4 锁住，再不能后退。当机械手处在上升位置要完成插拔刀动作时，销 6 被挡块压下使锁紧销 2 也退下，故可以自由地抓放刀具。

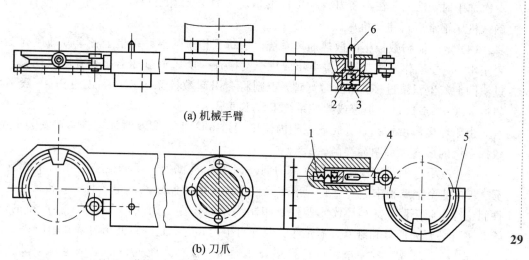

(a) 机械手臂

(b) 刀爪

1、3—弹簧；2—锁紧销；4—活动销；5—刀爪；6—销

图 1-37　机械手臂和刀爪

1.4　数控机床的日常维护与保养

1.4.1　数控机床的日常维护

数控机床价格昂贵，为充分发挥数控机床的效益，要做到预防性维修，使数控系统少出故障，同时还应做好一切准备，当系统出现故障时能及时修复，以尽量减少平均修理时间。预防性维修的关键是加强日常的维护，通常应做到如下几个方面。

1. 数控系统的维护

经过一段较长时间的使用，数控系统中某些元器件的性能会老化甚至损坏，为了尽量延长元器件的寿命，防止故障的发生，就必须对数控系统做好预防性维护工作，具体的维护要求在数控系统的使用、维修说明书中都有明确规定。概括起来，要注意以下几个方面。

（1）严格遵守操作规程和日常维护制度。机床操作、编程和维修人员必须是掌握相应机床专业知识的专业人员或经过技术培训的人员。使用数控机床之前，应仔细阅读机床使用说明书以及其他有关资料，熟悉所用设备的机械、数控装置、强电设备、液压、气路等部分以及规定的使用环境、加工条件等，且必须按安全操作规程及使用说明书的要求操作机床，尽量避免因操作不当而引起故障。

（2）根据各种部件特点，确定各自保养条例。如明文规定哪些地方需要天天清理（如CNC 系统的输入/输出单元——光电阅读机的清洁，检查机械结构部分是否润滑良好等），哪些部件要定期检查或更换（如直流伺服电动机电刷和换向器应每月检查一次）。

（3）除一些供用户使用并可以改动的参数外，其他系统参数、主轴参数、伺服参数等，用户不能私自修改，否则将给操作者带来设备、工件、人身等伤害。修改参数后，进行第一次加工时，机床需在不装刀具和工件的情况下锁住机床、单程序段等方式进行试运行，确认机床正常后再使用机床。

（4）定时清扫数控柜的散热通风系统。应每天检查数控系统柜上各个冷却风扇工作是否正常，应视工作环境状况，每半年或每季度检查一次风道过滤器是否有堵塞现象。如果过滤网上灰尘积聚过多，需及时清理，否则将会引起数控系统柜内温度过高（一般不允许超过 55℃），造成过热报警或数控系统工作不可靠。

由于环境温度过高，造成数控柜内温度超过 60℃时，应及时加装空调。安装空调后，数控系统的可靠性会明显提高。

（5）应尽量少开数控柜和强电柜的门。因为在机械加工车间的空气中一般都含有油雾、灰尘甚至金属粉末。一旦它们落在数控系统内的印制线路或电器件上，容易引起元器件间绝缘电阻下降，甚至导致元器件及印制线路的损坏。因此，应该有一种严格的规定，除非进行必要的调整和维修，不允许随便开启柜门，更不允许在使用时敞开柜门。

30

（6）经常监视数控系统用的电网电压。通常，数控系统允许的电网电压波动范围在 +10%～-15%。电网电压波动如果超出此范围，就会导致系统不能正常工作，甚至会造成数控系统内部电子部件的损坏。因此，要经常注意电网电压的波动。对于电网质量比较恶劣的地区，应配置数控系统用的交流稳压装置，这将使故障率明显降低。

（7）定期检查和清扫直流伺服电动机。20 世纪 80 年代生产的数控机床，大都使用直流伺服系统。直流电动机的数对电刷，工作时会与换向器摩擦而逐渐磨损。在日常维护中要注意两个问题：一是定期检查电刷是否异常或过度磨损；二是碳粉末的清理。这些都会影响电动机的工作性能甚至使电动机损坏。

（8）带有液压伺服阀的系统，必须保持油的清洁。液压伺服系统的油要采用专用的过滤器去过滤，而且要经常保持与空气隔绝，避免氧化后形成极化分子造成堵塞。不可轻易换油，换油时一定要有相应的措施。

（9）定期更换存储器电池。存储器如采用 COMS RAM 器件，那么为了在数控系统不通电期间能保持存储的内容不丢失，内部会设有 Li 电池维持电路。一般情况下，应两年更换一次电池。另外，一定要注意，电池的更换应在数控系统通电的情况下进行，这样才不会造成存储参数的丢失。若参数丢失，在更换新电池后，将参数重新输入即可。

（10）数控机床长期不用时的维护。当数控机床长期闲置不用时，要经常给数控系统通电，特别是在环境湿度较大的梅雨季节更应如此，在机床锁住不动的情况下（即伺服电动机不转时），让数控系统空运行。利用电器元件本身的发热来驱散数控系统内的潮气，保证电子器件的性能稳定且可靠。实践证明，在空气湿度较大的地区，经常通电是降低故障率的一个有效措施。

2. 机械部件的维护

数控机床的机械结构较传统机床的机械结构简单，但机械部件和精度提高了，对维护提出了更高的要求。同时，由于数控机床还有刀库和换刀机械手、液压及气动系统等，使得机械部件维护的面更广，工作量更大。机械部件主要的维护内容有以下几种。

1）主传动链的维护

（1）熟悉数控机床主传动链的结构、性能和主轴调整方法，严禁超性能使用。出现不正常现象时，应立即停机排除故障。

（2）使用带传动的主轴系统，需定期调整主轴驱动带的松紧程度，防止因带打滑造成的丢转现象。

（3）注意观察主轴箱温度，检查主轴润滑恒温油箱，调节温度范围，防止各种杂质进入油箱，及时补充油量。每年更换一次润滑油，并清洗过滤器。

（4）经常检查压缩空气气压，调整到标准要求值。足够的气压才能将主轴锥孔中的切屑和灰尘清理干净，保持主轴与刀柄连接部位的清洁。主轴中刀具夹紧装置长时间使用后，会产生间隙，影响刀具的夹紧，需及时调整液压缸活塞的位移量。

（5）对采用液压系统平衡主轴箱重量的结构，需定期观察液压系统的压力，油压低于要求值时，需及时调整。

2）滚珠丝杠螺母副的维护

（1）定期检查、调整丝杠螺母副的轴向间隙，保证反向传动精度和轴向刚度。

（2）定期检查丝杠支撑与床身的连接是否有松动及支撑轴承是否损坏。如有问题，要及时紧固松动部位，更换支撑轴承。

（3）采用润滑脂润滑的滚珠丝杠，每半年一次清洗丝杠上的旧润滑脂，换上新的润滑脂。用润滑油润滑的滚珠丝杠，每次机床工作前加一次油。

（4）注意避免硬质灰尘或切屑进入丝杠防护罩及工作中碰击防护罩，防护装置一有损坏要及时更换。

3）刀库及换刀机械手的维护

（1）手动方式往刀库上装刀时，要确保装到位、装牢靠，检查刀座上的锁紧是否可靠。

（2）严禁把超重、超长的刀具装入刀库，防止在机械手换刀时掉刀或刀具与工件、夹具等发生碰撞。

（3）采用顺序选刀方式时须注意刀具放置在刀库上的顺序是否正确。其他选刀方式也要注意所换刀具号是否与所需刀具一致，防止换错刀具导致事故的发生。

（4）注意保持刀具刀柄和刀套的清洁。

（5）经常检查刀库的回零位置是否正确，检查机床主轴回换刀点位置是否到位，并及时调整，否则不能完成换刀动作。

（6）开机时，应先使刀库和机械手空运行，检查各部分工作是否正常，特别是各行程开关和电磁阀能否正常动作。检查机械手液压系统的压力是否正常，刀具在机械手上锁紧是否可靠，发现不正常要及时处理。

4）液压系统的维护

（1）定期对油箱内的油液进行采样化验，检查油液质量，定期过滤或更换油液。

（2）定期检查冷却器和加热器的工作性能，将液压系统中油液的温度控制在标准要求内。

（3）定期检查、更换密封件，防止液压系统泄漏。

（4）定期检查、清洗或更换液压件、滤芯，定期检查清洗油箱和管路。

（5）严格执行日常点检制度，检查系统的泄漏、噪声、振动、压力、温度等是否正常，将故障排除在萌芽状态。

5）气动系统的维护

（1）选用合适的过滤器，清除压缩空气中的杂质和水分。

（2）注意检查系统中油雾器的供油量，保证空气中含有适量的润滑油来润滑气动元件，防止生锈、磨损造成空气泄露和元件动作失灵。

（3）定期检查、更换密封件，保持系统的密封性。

（4）注意调节工作压力，保证气动装置具有合适的工作压力和运动速度。

（5）定期检查、清洗或更换气动元件、滤芯。

3. 机床精度的维护检查

机床精度是保证机床性能的基础，加强机床精度的保养，定期进行精度检查是机床使用、维护工作中一项重要内容。机床精度的维护，要做到严格执行机床的操作规程和维护规程，严禁超性能使用。

值得注意的是，对机床精度进行检查时，不仅需要注意单项精度，还需要注意各项精度的相互关系。任何一项精度超过允许值，都需要调整，遇到如下情况时，必须进行机床的精度检验：

（1）由于操作失误或机床故障造成撞车后；

（2）机床移动、状态发生变化后。

当机床进行动态精度检查时，加工过程中工件尺寸变动可能是由于机床热变形和切削液温度过高造成的。机床热变形主要是由滚珠丝杠的热变形和主轴的热变形引起的，这些变形随着机床运转时间和运转状况而变化，必须对这些变形进行适时补偿。切削液的温度影响也很重要，因为切削液直接与工件接触，因此也必须对切削液温度进行控制，这样才能正确反映机床的动态精度。当发现机床失掉原有精度时，必须尽快修复并恢复精度。

1.4.2　数控机床的日常保养

坚持做好数控机床的日常保养工作，可以有效地提高元器件的使用寿命，延长机械零部件的磨损周期，避免产生或及时消除事故隐患，使机床保持良好的运行状况。不同型号数控机床的日常保养内容和要求各不相同，对于具体机床可按照说明书的要求进行保养，若说明书中没有写入此项目，应立即向制造厂索取，并签订补充协议。在保修期内，用户若不按制造厂的保养规定使用机床，则在要求免费维修时会造成纠纷。

1. 数控机床的基本维护与保养

（1）保持良好的润滑状态。要定期检查、清洗自动润滑系统，及时添加或更换油液油脂，使主轴、丝杠和导轨等各运动部位始终保持良好的润滑状态，以减缓机械磨损速度。

（2）机械精度的检查与调整。保持各运动部件之间的形状和位置偏差在允许范围内，其中包括对换刀系统、工作台交换系统、丝杠反向间隙等的检查和调整。

（3）按时对直流电动机碳刷进行检查、清扫更换，以及对各插接件有无松动进行检查等。

（4）保证机床和环境卫生清洁。如果数控机床的使用环境不好，会直接影响到机床的正常运行。如纸带阅读机感光元件受粉尘污染，就会产生读数错误；电路板太脏，可能产生短路故障；油水过滤器和空气过滤网太脏，会使压力不足、散热不好并造成故障。因此必须定期对机床进行维护与保养。

2. 加工中心日常保养内容要点

1）日常点检要点

（1）从工作台、基座等处清除污物和灰尘，擦去机床表面上的润滑油、切削液和切屑。清除没有罩盖的滑动表面上的一切东西，将丝杠的暴露部位擦干净。

（2）清理、检查所有限位开关、接近开关及其周围表面。

（3）检查各润滑油箱及主轴润滑油箱的油面，使其保持在合理的油面上。

（4）确认各刀具在其应有的位置上更换。

（5）确保空气滤杯内的水完全排出。

（6）检查液压泵的压力是否符合要求。

（7）检查机床主液压系统是否漏油。

（8）检查切削液软管及液面，清理管内及切削液槽内的切屑等脏物。

（9）确保操作面板上所有指示灯为正常显示。

（10）检查各坐标轴是否处在原点上。

（11）检查主轴端面、刀夹及其他配件是否有毛刺、破裂或损坏现象。

2）月检查要点

（1）清理电气控制柜内部，使其保持干净。

（2）校准工作台及床身基准的水平，必要时调整垫铁，拧紧螺母。

（3）清洗空气滤网，必要时予以更换。

（4）检查液压装置、管路及接头，确保无松动、无磨损。

（5）清理导轨滑动面上的刮垢板。

（6）检查各电磁阀、行程开关、接近开关，确保它们能正确工作。

（7）检查液压箱内的滤油器，必要时予以清洗。

（8）检查各电缆及接线端子是否接触良好。

（9）确保各连锁装置、时间继电器、继电器能正确工作，必要时予以修理或更换。

（10）确保数控装置能正确工作。

3）半年检查要点

（1）清理电气控制箱内部，使其保持干净。

（2）更换液压装置内的液压油及润滑装置内的润滑油。

（3）检查各电动机轴承是否有噪声，必要时予以更换。

（4）检查机床的各有关精度。

（5）外观检查所有电气部件及继电器是否可靠工作。

（6）测量各进给轴的反向间隙，必要时予以调整或进行补偿。

（7）检查直流电动机的电刷及换向器的表面，必要时予以修正或更换。

（8）检查一个实验程序的完整运转情况。

4）数控机床的保养

除了定期保养外，还应对数控机床的一些部件进行不定期保养。

（1）随时检查冷却油箱、水箱的液面高度，及时添加油（或水），太脏时要更换。不定期清洗油箱（或水箱）和过滤器。

（2）不定期检查废油池，及时取走积存在废油池中的废油，以免溢出。

（3）不定期检查排屑器，经常清理切屑，检查有无卡住等现象。

要对机床制定日常维护保养制度，且设备主管需定期检查制度的执行情况，以确保机床始终处于良好的运行状况，避免和减少恶性事故的发生。与普通机床相比，数控机床增加了功能，提高了工效，简化了某些传统的结构，但是由于功能和性能的增加与提高，数控机床的机械结构也发生了重大变化，如适合于高速度、高精度、重切削的主轴部件，滚珠丝杠部件，刀库及换刀装置，液压与气动系统等。数控机床是机电一体化设备，机械部分的故障和数控系统的故障有内在联系，熟悉机械和电气部分故障的判断及排除方法对数控机床的维修是很有帮助的。

思考与习题

1-1　什么是数控机床？数控机床有哪些特点？

1-2　点位控制和连续控制机床有什么区别？

1-3　开环控制与闭环控制有什么区别？各适用什么场合？

1-4　两轴半联动与两轴联动数控机床有什么区别？

1-5　数控机床由哪几部分组成？各有什么作用？

1-6　主传动变速有几种方式？各有何特点？

1-7　主轴为何需要"准停"？如何实现"准停"？

1-8　滚珠丝杠螺母副的滚珠有哪两类循环方式？常用的结构形式是什么？

1-9　试述滚珠丝杠轴向间隙调整及预紧的基本原理。常用哪几种结构形式？

1-10　机床导轨的功用是什么？机床导轨有哪几种类型？

1-11　滚动导轨基本结构形式是什么？用于什么场合？

1-12　数控车床上的回转刀架是如何实现自动换刀的？

1-13　数控机床的日常维护和保养的主要内容有哪些？

本章学习参考书

[1]　苏宏志. 数控机床与应用[M]. 上海：复旦大学出版社，2010.

[2]　孙小捞. 数控机床及其维护[M]. 北京：人民邮电出版社，2010.

[3]　周建强. 数控加工技术[M]. 北京：中国人民大学出版社，2010.

[4]　卢万强. 数控加工技术[M]. 北京：北京理工大学出版社，2011.

第 2 章

数控机床刀具

2.1　数控刀具材料

2.1.1　数控加工的特点及其对刀具材料的要求

1. 数控加工的特点

在航空航天、汽车、高速列车、风电、电子、能源、模具等装备制造业的空前发展推动下，现代数字化制造技术蓬勃发展，以"高精度、高效率、高可靠性和专用化"为特点的数控机床和加工中心等高效设备的应用日渐普及，使得切削加工迈入了一个以高速、高效和环保为标志的高速加工发展的新时期。高速切削、干切削和硬切削作为当前切削技术的重要发展趋向，其地位和角色日益凸显。这些先进切削技术的应用，不仅使加工效率成倍提高，也推动了刀具技术的发展。随着各种新型材料刀具的出现，如聚晶金刚石刀具（PCD）、聚晶立方氮化硼刀具（PCBN）、CVD 金刚石刀具、纳米复合刀具、纳米涂层刀具、晶须增韧陶瓷刀具、超细晶粒硬质合金刀具、TiC(N) 基硬质合金刀具、粉末冶金高速钢刀具等，使先进的数控机床加工设备在与高性能的数控刀具相配合中，发挥出巨大的效能，取得良好的经济效益。

数控刀具是与数控机床（如加工中心、数控车床、数控镗铣床、数控钻床、自动线以及柔性制造系统等）相配套使用的各种刀具的总称，是数控机床不可缺少的关键配套产品。数控刀具以其高效、精密、高速、耐磨、长寿命和良好的综合切削性能取代了传统的刀具。表 2 - 1 为传统刀具与现代数控刀具的比较。

表 2 - 1　传统刀具与现代数控刀具的比较

项　目	传统切削刀具	数　控　刀　具
刀具材料	普通工具钢、高速钢、焊接硬质合金等	PCD、PCBN、陶瓷、涂层刀具、超细晶粒硬质合金、TiC(N)基硬质合金、粉末冶金高速钢等
刀具硬度	低	高

项　目	传统切削刀具	数控刀具
被加工工件硬度	低	高，可对高硬材料实现"以车代磨"
切削速度	低	加工钢、铸铁，可转位涂层刀片切削速度可达 380 m/min；加工铸铁，PCBN 刀片切削速度可达 1000～2000 m/min；PCD 刀具加工铝合金，切削速度可达 5000 m/min 或更高
刀具消耗费用和金属切除比较	传统高速钢刀具约占全部刀具费用的 65%，切除的切屑仅占总切屑的 28%	可转位刀具、硬质合金刀具及超硬刀具占全部刀具费用的 34%，切除的切屑占总切屑的 68%
刀具使用机床	一般金属切削机床	数控车床、数控铣床、加工中心、流水线专机、柔性生产线等
资金投入和企业规模	以通用机床和专用机床为主，追求低成本，劳动密集	以数控机床为主，追求差异化，多品种、小批量，属于知识、人才和资金密集型

2. 数控加工对刀具的要求

数控加工具有高速、高效和自动化程度高等特点，而数控刀具是实现数控加工的关键技术之一，为了适应数控加工技术的需要，保证优质、高效地完成数控加工任务，对数控加工刀具提出了比传统的加工用刀具更高的要求。它不仅要求刀具耐磨损、寿命长、可靠性好、精度高、刚性好，还要求刀具尺寸稳定、安装调整方便等。数控加工对刀具提出的具体要求如下。

(1) 刀具材料应具有高的可靠性。数控加工在数控机床或加工中心上进行，其切削速度和自动化程度高，要求刀具应具有很高的可靠性，并且要求刀具的寿命长、切削性能稳定、质量一致性好、重复精度高。

解决刀具的可靠性问题，成为数控加工成功应用的关键技术之一，在选择数控加工刀具时，除需要考虑刀具材料本身的可靠性外，还应考虑刀具的结构和夹固的可靠性。

(2) 刀具材料应具有高的耐热性、抗热冲击性和高温力学性能。为了提高生产效率，现在的数控机床向着高速度、高刚性和大功率方向发展，但切削速度的增大，往往会导致切削温度的急剧升高。因此，必须要求刀具材料的熔点高、氧化温度高、耐热性好、抗热冲击性能强，同时还要求刀具材料具有很高的高温力学性能，如高温强度、高温硬度、高温韧性等。

(3) 数控刀具应具有较高的精度。由于在数控加工生产中，被加工零件要求在一次装夹后，完成其加工精度。因此，要求刀具借助专用精密对刀装置或对刀仪，调整到所要求的尺寸精度后，再安装到机床上应用。这样就要求刀具的制造精度要高。尤其在使用可转位结构的刀具时，刀片的尺寸公差、刀片转位后刀尖空间位置尺寸的重复精度，都有严格的精度要求。

(4) 数控刀具应系列化、标准化和通用化。数控刀具应系列化、标准化和通用化，尽量减少刀具规格，以利于数控编程和便于刀具管理、降低加工成本、提高生产效率，还应建立刀具准备单元，进行集中管理，负责刀具的保管、维护、预调、配置等工作。

（5）数控刀具大量采用机夹可转位刀具。由于机夹可转位刀具能满足耐用、稳定、易调和可换等要求，目前，在数控机床以及加工中心等设备上，已广泛采用机夹可转位刀具结构。机夹可转位刀具在数量上已达到整个数控刀具的 $30\%\sim40\%$。图 2-1 所示为可转位车刀的刀头。

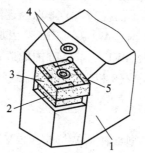

1—刀杆；2—刀垫；3—刀片；4—夹固元件；5—断屑槽

图 2-1 可转位车刀

（6）数控刀具应能可靠断屑或卷屑。为了保证自动生产的稳定进行，数控加工对切屑处理有更高的要求。切削塑性材料时切屑的折断与卷曲常常是决定数控加工能否正常进行的重要因素。因此，数控刀具必须具有很好的断屑、卷屑和排屑性能。要求切屑不能缠绕在刀具或工件上、切屑不影响工件的已加工表面、不妨碍冷却浇注效果。数控刀具一般都采取了一定的断屑措施（如可靠的断屑槽型、断屑台和断屑器等），以便可靠断屑或卷屑。

（7）数控刀具材料应能适应难加工材料和新型材料加工的需要。随着科学技术的发展，数控加工对工程材料提出了愈来愈高的要求，各种高强度、高硬度、耐腐蚀和耐高温的工程材料愈来愈多地被采用。它们中多数属于难加工材料，目前已占工件的 40% 以上。因此，数控加工刀具应能适应难加工材料和新型材料加工的需要。

2.1.2 高速钢刀具材料的种类、性能和特点

高速钢是一种含钨（W）、钼（Mo）、铬（Cr）、钒（V）等合金元素较多的工具钢，它具有较好的力学性能和良好的工艺性，可以承受较大的切削力和冲击，特别适合于制造各种小型及结构和形状复杂的刀具，如成形车刀、钻头、拉刀、齿轮刀具和螺纹刀具等。随着材料科学的发展，高速钢刀具材料的品种已从单纯型的 W 系发展到 WMo 系、WMoAl 系、WMoCo 系，其中 WMoAl 系是我国所特有的品种。同时，由于高速钢刀具热处理技术（真空、保护气热处理）的进步以及成形金属切削工艺（全磨制钻头、丝锥等）的更新，使得高速钢刀具的红硬性、耐磨性和表面层质量都得到了很大的提高和改善。因此高速钢仍是数控加工用刀具材料的选择对象之一。

高速钢的品种繁多，按切削性能可分为普通高速钢和高性能高速钢；按化学成分可分为钨系、钨钼系和钼系高速钢；按制造工艺不同，分为熔炼高速钢和粉末冶金高速钢。

1. 普通高速钢

1）钨系高速钢

钨系高速钢的典型钢种为 W18Cr4V（简称 W18），是我国最常用的一种高速钢。W18

含钒量少，磨削性能好，其刃口可以磨得锋利平直，通用性强，综合性能好。其常温硬度 63～66 HRC，600 ℃ 高温时能保持 48.5 HRC 的硬度。W18 的热处理工艺性好，抗塑性变形能力强，用于制造螺纹车刀、成形车刀、拉刀和齿轮刀具等形状复杂的刀具。W18 的缺点是碳化物分布常不均匀，剩余碳化物颗粒较大，如锻造不均，会影响薄刃刀具的使用寿命，且制造大截面刀具时的抗弯强度不够。此外，W18 热塑性较差，不适合作为热轧刀具。鉴于上述缺点以及国际市场钨价的提高，W18 已经逐渐被新钢种代替。

我国生产的另外一种钨系高速钢是 W14Cr4VMn，因加入了少量的锰和铼（Re），改善了碳化物分布状况并增大了热塑性。W14Cr4VMn 的锻造、轧制工艺性和磨削加工性能良好，强度稍高于 W18，切削性能与 W18 相当，热处理温度范围较宽，适合制作如麻花钻等的热轧刀具。

2）钨钼系高速钢

国内常用的钨钼系高速钢的典型钢种是 W6Mo5Cr4V2（简称 M2），由于钼的加入，减少了钢中的钨等合金元素，降低了碳化物数量及其分布的不均匀性，细化了晶粒。与 W18 相比，M2 的抗弯强度提高了 17% 左右，冲击韧度提高了 40% 以上，用于制造承受较大冲击力的刀具（如插齿刀）、结构比较薄弱的刀具（如麻花钻、丝锥）和截面较大的刀具。M2 的热塑性、磨削加工性好，特别适用于制造轧制或扭制钻头等热成形刀具。M2 的红硬性略低于 W18，故高温切削性能稍差。另外，热处理时脱碳倾向性大，淬火温度范围比较窄。

新牌号的普通高速钢 W9Mo3Cr4V（简称 W9）是根据我国资源情况研制的含钨量较多、含钼量较少的钨钼钢。其硬度为 65～66.5 HRC，有较好的硬度和韧性，抗弯强度和冲击韧度高于 M2，热塑性、热稳定性都较好。由于含钒量少，其磨削加工性比 M2 好，磨削效率比 M2 高 20%，表面粗糙度值也小，可用于制造锯条、钻头、拉刀、铣刀和齿轮刀具等各种刀具；加工钢料时，刀具寿命比 W18 和 M2 都有一定的提高。

2. 高性能高速钢

高性能高速钢是指在普通高速钢中加入一些合金元素，如 Co、Al、V 等，使其耐热性、耐磨性又有进一步提高，且本身热稳定性高，主要用来加工不锈钢、耐热钢和高温合金等难加工材料。

1）高碳高速钢

我国生产的高碳高速钢有 9W8Cr4V（简称 9W18）和 9W6Mo5Cr4V2（简称 CM2），常温硬度可达 66～68 HRC，600℃时的硬度提高到 51～52 HRC，适用于制作耐磨性要求高的铰刀、锪钻和丝锥等刀具，也可用于切削奥氏体不锈钢。但钢中含碳量的增加使淬火残余奥氏体增多，需要增加回火次数，同时韧性降低，不能承受大的冲击。

2）铝高速钢

含铝超硬高速钢 W6Mo5Cr4V2Al（简称 501）和 W10Mo4Cr4V3Al（简称 5F-6）是我国独创的新钢种，常温硬度达 67～69 HRC，600℃时的硬度达到 54～55 HRC，切削性能与钴高速钢 M42 相当，刀具寿命比 W18 提高 1～2 倍以上，但价格却相差不多。因含钒量多，其磨削加工性较差，且过热敏感性强，氧化脱碳倾向较大，使用时要严格掌握热处理工艺。

3）钴高速钢

高速钢中加入钴可提高钢的热稳定性、常温和高温硬度及抗氧化能力，改善高速钢的导热性，降低摩擦系数，从而提高切削速度。如 M42（ W2Mo9Cr4VCo8），常温硬度达 67～69 HRC，600℃时的硬度达到 54～55 HRC。适合于制造加工高温合金、钛合金及其他难加工材料的高速钢刀具。由于我国钴资源有限，目前生产和使用不多。

4）高钒高速钢

高钒高速钢可形成大量高硬度、耐磨的碳化钒弥散在钢中，提高了高速钢的耐磨性，且能细化晶粒和降低钢的过热敏感性。适合于加工硬橡胶、塑料等对刀具磨损严重的材料；对低速薄切屑精加工刀具，如拉刀、铰刀和丝锥等，高钒高速钢具有较长的寿命。其主要缺点是磨削加工性差，主要牌号有 W6Mo5Cr4V3、W12Cr4V4Mo 等。

3. 粉末冶金高速钢

粉末冶金高速钢是通过高压惰性气体或高压水雾化高速钢水而得到的细小的高速钢粉末，然后压制或热压成形，再经烧结而成的高速钢，由于其使用性能好，应用在日益增加。

粉末冶金高速钢与熔炼高速钢比较有如下优点：

（1）由于可获得细小均匀的结晶组织（碳化物晶粒 2～5 μm），从而完全避免了碳化物的偏析，提高了钢的硬度与强度，硬度能达到 69.5～70 HRC，抗弯强度 σ_b = 2.73～3.43 GPa。

（2）由于物理力学性能的各向同性，可减少热处理变形与应力，因此可用于制造精密刀具。

（3）由于钢中的碳化物细小均匀，使磨削加工性得到显著改善，含钒量多者，改善程度就更显著。这一独特的优点，使得粉末冶金高速钢能用于制造新型的、增加合金元素的、加入大量碳化物的超硬高速钢，而不降低其刃磨工艺性，这是熔炼高速钢无法比拟的。

粉末冶金高速钢目前应用尚少的原因是成本较高。因此其主要使用范围是制造成形复杂刀具，如精密螺纹车刀、拉刀、切齿刀具等，以及加工高强度钢、镍基合金、钛合金等难加工材料用的刨刀、钻头、铣刀等刀具。

4. 涂层高速钢

高速钢刀具的表面涂层是采用物理气相沉积（PVD）方法，在适当的高真空度与温度环境下进行气化的钛离子与氮反应，在阳极刀具表面上生成 TiN，涂层厚度约 2 μm，涂层表面结合牢固，呈金黄色，硬度可高达 2200 HV，有较高的热稳定性，与钢的摩擦系数相比较低。

涂层高速钢刀具相对普通高速钢在切削力、切削温度方面约下降 25%，切削速度、进给量、刀具寿命显著提高。其刀具重磨后性能仍优于普通高速钢，适合应用在钻头、丝锥、成形铣刀、切齿刀具中。

除 TiN 涂层外，新的涂层工艺镀膜功能较多，典型的有：TiN、TiC、TiCN、TiAlN、AlTiN、TiAlCN、DLC（ Diamond-Like Coating，金刚石类涂层）、CBC（Carbon-Based Coating，硬质合金基类涂层）。它们的特点是：

TiAlN 高性能涂层：紫罗兰-黑色，耐热温度达 800℃，可适用于高速加工。在基体为 65 HRC 的高速钢上涂 2.5～3.5 μm，可使刀具寿命比 TiN 涂层刀具明显提高约 1～2 倍，但涂层费用较高。

AlTiN 高铝涂层：耐热温度达 800℃，有高硬度、高耐热性，适合对硬材料进行加工。

TiCN 复合涂层：蓝-灰色，耐热温度达 400℃，有高韧性，可用于丝锥、成形刀具。

TiAlCN复合涂层：耐热温度达500℃，有高韧性、高硬度、高耐热性、低摩擦性能，适合制造铣刀、钻头、丝锥，可加工60 HRC的高硬度材料。

2.1.3 硬质合金刀具材料的种类、性能和特点

硬质合金刀具(特别是可转位硬质合金刀具)是数控加工刀具的主导产品。目前各工具行业不断扩大各种整体式和可转位式硬质合金刀具或刀片的生产，其品种已经扩展到各种切削刀具领域。其中，可转位硬质合金刀具由简单的车刀、面铣刀扩大到各种精密、复杂、成形刀具领域。同时，铰刀、立铣刀、加工硬齿面的大模数齿轮刀具等使用硬质合金材料制造的刀具也日益扩大。

1.硬质合金的性能及牌号表示方法

硬质合金是由硬度和熔点很高的碳化物(称硬质相)与金属(称黏结相)通过粉末冶金工艺制成的。硬质合金刀具中常用的碳化物有WC、TiC、TaC、NbC等。常用的黏结剂是Co，碳化钛基的黏结剂是Mo、Ni。

硬质合金的物理力学性能取决于合金的成分、粉末颗粒的粗细以及合金的烧结工艺。含高硬度、高溶点的硬质相愈多，合金的硬度与高温硬度愈高。含黏结剂愈多，强度愈高。合金中加入TaC、NbC有利于细化晶粒，提高合金的耐热性，可使常温下硬度达89～94 HRA，耐热性达800～1000℃。切削钢时，切削速度可达220 m/min左右。在合金中加入熔点更高的TaC、NbC，可使耐热性提高到1000～1100℃，切削钢时，切削速度可进一步提高到200～300 m/min。

硬质合金的牌号表示方法如下：如YG6X牌号表示含钴量为6%的钨钴类细颗粒硬质合金。

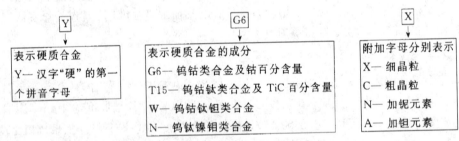

2.普通硬质合金的种类、牌号及适用范围

按晶粒大小，硬质合金可分为普通硬质合金、细颗粒硬质合金和超细颗粒硬质合金，表2-2给出了目前国际通行的硬质合金按晶粒度的分类规范。

表2-2 硬质合金按晶粒度的分类

合金类别	纳米	超细	亚微米	细	中	粗	超粗
晶粒度/μm	<0.2	0.2～0.5	0.5～0.8	0.8～1.3	1.3～2.5	2.5～6.0	>6.0

国产普通硬质合金按化学成分不同分为四类：钨钴类、钨钛钴类、钨钛钽(铌)钴类和碳化钛基类硬质合金。前三类主要成分是WC，后一类主要成分为TiC。国际标准化组织将切削加工用硬质合金按使用性能分为P、M、K三大类。K类与我国钨钴类硬质合金相

当；P 类与我国钨钛钴类硬质合金相当；M 类与我国钨钛钽(铌)钴类硬质合金相当。

1) 钨钴类硬质合金

YG 类硬质合金的主要成分为 WC-Co，用于加工短切屑的黑色金属，如 YG3、YG3X、YG6、YG8 等牌号。该类硬质合金的硬度为 89～91.5 HRA，抗弯强度为 1100～1500 MPa。YG 类硬质合金是硬质合金中抗弯强度和冲击韧性较好者，特别适合加工切屑呈崩碎状(短切屑)的脆性材料，如铸铁。同时 YG 类合金磨削加工性好，切削刃可以磨得很锋利，也可加工有色金属和纤维层等非金属材料。YG 类硬质合金材料的成分和性能见表 2-3。

表 2-3 部分典型 YG 类硬质合金的成分和性能

牌号	成分 (质量分数)	硬度 /HRA	强度 /MPa	弹性模量 /GPa	热导率 /W·m⁻¹·K⁻¹	线膨胀系数 /10⁻⁶℃⁻¹	密度 /g·cm⁻³	ISO 分类
YG3	WC+3%Co	91.0	1080	667～677	87.86	—	14.9～15.3	K01
YG3X	WC+3%Co	91.5	1100	—	—	4.1	15.0～15.3	
YG6	WC+6%Co	89.5	1450	630～640	79.6	4.5	14.6～15.0	K10
YG6X	WC+3%Co	91.0	1400		79.6	4.4	14.6～15.0	K05
YG8	WC+8%Co	89	1500	600～610	75.4	4.5	14.5～14.9	K20

2) 钨钛钴类硬质合金

YT 类硬质合金的主要成分为 WC-TiC-Co，用于加工长切屑的黑色金属。该类合金中的硬质相除 WC 外，还含有 5%～30%(质量分数)的 TiC。其典型牌号有 YT30、YT15、YT14、YT5 等，其中 TiC 含量分别为 30%、15%、14%、5%。这类硬质合金的硬度为 89.5～92.5 HRA，抗弯强度为 900～1400 MPa。因 TiC 的硬度和熔点比 WC 高，故 YT 类硬质合金的硬度、耐磨性和耐热性(900～1000 ℃)均比 YG 类硬质合金高，但抗弯强度特别是冲击韧度显著降低。例如，YT15 和 YG6 的含 Co 量同为 6%，YT15 的硬度提高了 1.5 HRA，但抗弯强度降低了 300 MPa。

YT 类硬质合金随着 TiC 含量增加，其导热性、磨削性和焊接性显著降低，在使用时要防止过热而使刀片产生裂纹。另外，YT 类硬质合金在切削钛合金和含钛的不锈钢时，刀具中的钛元素会与工件里的钛元素产生较强的亲和力，从而发生刀具严重磨损的粘刀现象，因此，这种情况下要避免采用 YT 类硬质合金。部分典型 YT 类硬质合金的成分和性能见表 2-4。

表 2-4 部分典型 YT 类硬质合金的成分和性能

牌号	成分 (质量分数)	硬度 /HRA	强度 /MPa	弹性模量 /GPa	热导率 /W·m⁻¹·K⁻¹	线膨胀系数 /10⁻⁶℃⁻¹	密度 /g·cm⁻³	ISO 分类
YT30	WC+30%TiC+4%Co	92.5	900	400～410	20.9	7.0	9.3～9.7	P01
YT15	WC+15%TiC+6%Co	91.0	1150	520～530	33.5	6.5	11.0～11.7	P10
YT14	WC+14%TiC+8%Co	90.5	1200	—	33.5	6.2	11.2～12.0	P20
YT5	WC+5%TiC+10%Co	89.5	1400	590～600	62.8	6.1	12.5～13.2	P30

3）钨钛钽（铌）钴类硬质合金

YW 类硬质合金的主要成分为 WC - TiC - TaC(NbC) - Co，用于加工长或短切屑的黑色金属和有色金属。TaC 和 NbC 的加入，可阻止 WC 晶粒在烧结过程中长大，细化了晶粒，因此，有效地提高了该类硬质合金的抗弯强度、疲劳强度、冲击韧度、高温硬度、高温强度，提高了抗扩散和抗氧化磨损的能力及耐磨性。YW 类硬质合金兼有 YG、YT 两类合金的性能，综合性能好，有"通用合金钢"的美誉。

该类牌号的硬质合金不但适用于冷硬铸铁、有色金属及其合金的半精加工，也能用于高锰钢、淬火钢、合金钢及耐热合金钢的半精加工和精加工。若在该类硬质合金中适当提高 Co 含量，可显著增加抗弯强度；同时，提高 TaC 的含量，细化晶粒，可提高抵抗裂纹扩展的能力，从而能承受机械冲击振动和温度周期性变化带来的热冲击。该类硬质合金可用于各种难加工材料的粗加工和断续切削。典型 YW 类硬质合金的成分和性能见表 2 - 5。

表 2 - 5 典型 YW 类硬质合金的成分和性能

牌号	成分（质量分数）	硬度/HRA	强度/MPa	密度/g·cm^{-3}	ISO 分类
YW1	WC＋6％TiC＋4％Ta(NbC)＋6％Co	91.5	1200	12.8～13.3	M10
YW2	WC＋6％TiC＋4％Ta(NbC)＋8％Co	90.5	1350	12.6～13.0	M20

4）TiC 基硬质合金

TiC 基硬质合金又称金属陶瓷，代号为 YN，主要成分为 TiC，其中加入少量的 WC 和 NbC，以 Ni 和 Mo 为黏结剂，经压制烧结而成，常用牌号有 YN01、YN05、YN10 和 YN15 等，其性能和适用范围见表 2 - 6。

表 2 - 6 国产常用 TiC 基硬质合金的性能和适用范围

牌号	成分（质量分数）	硬度/HRA	抗弯强度/GPa	密度/g·cm^{-3}	ISO 分类
YN10	15％WC＋62％TiC＋1％NbC＋10％Mo＋12％Ni	92	1.10	6.3	P05
YN05	78％TiC＋12％Mo＋10％Ni	93	0.90	5.9	P01
YN01	79％TiC＋14％Mo＋7％Ni	93	0.80	5.3～5.9	P01
YN15	8％WC＋71％TiC＋14％Mo＋7％Ni	90.5	1.25	7.1～7.5	P15

2.1.4 陶瓷刀具材料的种类、性能和特点

陶瓷刀具材料的主要成分是硬度和熔点很高的 Al_2O_3、Si_3N_4 等氧化物、氮化物，再加入少量的碳化物或金属等添加剂，经制粉、压制、烧结而成。

常用的陶瓷刀具材料根据组成成分可分为：氧化铝基陶瓷、非氧化物陶瓷、涂层陶瓷，具体分类见表 2 - 7。

表 2 - 7　陶瓷刀具材料分类

分　类		主要组成成分
氧化铝基陶瓷	俗称白陶瓷	主要含 99.9% 以上氧化铝（Al_2O_3）的氧化物陶瓷
	俗称黑陶瓷	以氧化铝（Al_2O_3）为基体，但含有碳化物成分的混合陶瓷
非氧化物陶瓷		主要含氮化硅（Si_3N_4）的氮化物陶瓷
涂层陶瓷		上述三类的材料为基体，采用其他材料涂层

1. 氧化铝基陶瓷

（1）纯氧化铝陶瓷。其中 Al_2O_3 的成分在 99.9% 以上，多呈白色，俗称白陶瓷。我国成都工具研究所生产的 P1 牌号属于这一类。它的耐磨性好，用于切削灰铸铁有较好的效果，也可切削普通碳钢。但因其强度低，抗热震性及断裂韧性较差，切削时易崩刃，故目前已被其他 Al_2O_3 复合陶瓷取代。

（2）氧化铝-碳化物系复合陶瓷。它是在 Al_2O_3 基体中加入 TiC、WC、MO_2C、TaC、NbC、Cr_3C_2 等成分经热压烧结而成，但使用最多的是 Al_2O_3 - TiC 复合陶瓷。根据 TiC 含量（30%～50%）的不同，其切削性能也有差异。这类陶瓷主要用于切削淬硬钢和各种耐磨铸铁。我国生产的牌号有 M16、SG3、SG4 和 AG2 等，后两种牌号中还含有 WC 的成分。

（3）氧化铝-碳化钛-金属系复合陶瓷。它是在 Al_2O_3 - TiC 陶瓷中加入少量的黏结金属，如 Ni 和 Mo 等，可提高 Al_2O_3 与 TiC 的联结强度，提高其使用性能，故可用于粗加工。这类陶瓷又称金属陶瓷。我国生产的牌号有 AT6、LT35、LT55、M4、M5、M6、LD - 1等。该复合陶瓷切削调质合金钢时的切削速度可达一般硬质合金刀具的 13 倍，刀具寿命为硬质合金刀具的 600 倍。由于其含有金属成分，所以能用电加工切割成任意形状。同时，用金刚石砂轮刃磨时，能获得较好的表面质量。

（4）Al_2O_3 - SiC 晶须增韧陶瓷。它是在 Al_2O_3 陶瓷基体中添加 20%～30% 的 SiC 晶须（是一种直径小于 0.6 μm、长度为 1080 μm 的单晶，具有一定的纤维结构，其抗拉强度为 7 GPa，抗拉弹性模量超 700 GPa）组合而成的。SiC 晶须的作用犹如钢筋混凝土中的钢筋，它能成为阻挡或改变裂纹发展方向的障碍物，使材料韧性大幅度提高，断裂韧度可达 9 MPa·$m^{1/2}$，可有效地用于断续切削及粗车、铣削和钻孔等工序中，适于加工镍基合金、高硬度铸铁和淬硬钢等材料。我国生产的 JX - 1、AW9、SG5 及美国的 WG300、Kyon250 与瑞典 Sandvik 公司的 CC670 等牌号均属于这一类。

（5）Al_2O_3/（W，Ti）C 梯度功能陶瓷。它是通过控制陶瓷材料的组成分布以形成合理的梯度，从而使刀具内部产生有利的残余应力分布来抵消切削中的外载应力。其具有表层热导率高、有利于切削热的传出、热膨胀系数小、结构完整性好、不易破损等特点。如我国山东工业大学开发的 FG2 刀片就属于这一类。用其加工钢铁材料时的刀具寿命可比 SG4（Al_2O_3 - TiC 复合陶瓷）长 11 倍，并且刀具有很好的自砺性，崩刃后仍能进行正常切削。

2. Si_3N_4 基陶瓷

Si_3N_4 基陶瓷是一种非氧化物工程陶瓷，其硬度可达 1800～2000 HV，热硬性好，能承受 1300～1400℃的高温，与碳和金属元素的化学反应较小，摩擦系数也较低。这类刀具适于切削铸铁、高温合金和镍基合金等材料，尤其适用于大进给量或断续切削。由于纯 Si_3N_4 陶瓷刀具在切削长切屑金属（如软钢）时，极易产生月牙洼磨损，所以新一代 Si_3N_4 陶瓷均为复合 Si_3N_4 陶瓷刀具。新开发的 Si_3N_4 陶瓷不仅可用于粗加工，还可用于断续切削和有冷却液的切削，例如日本京陶公司的 KS6000 牌号。目前 Si_3N_4 基陶瓷刀具的崩刃率为 2%～3%，与硬质合金相当，因此已可在生产线上应用。Si_3N_4 基陶瓷刀具的缺点是磨削加工性比普通陶瓷差。

(1) Si_3N_2 - TiC - Co 复合陶瓷。其韧性和抗弯强度高于 Al_2O_3 基陶瓷，而硬度却不降低，热导率亦高于 Al_2O_3 基陶瓷，故在生产中应用比较广泛。我国生产的牌号有 FD02、SM、HDM1、N5 等。

(2) Si_3N_4 晶须增韧陶瓷。它是在 Si_3N_4 基体中加入一定量的碳化物晶须而成，从而可提高陶瓷刀具的断裂韧性。如我国北京方大高技术陶瓷有限公司生产的 FD03 刀片以及湖南长沙工程陶瓷公司生产的 SW21 牌号均属这一类。FD03 刀片是在 Si_3N_4 陶瓷基体中加入了硬质弥散颗粒 TiC，SW21 刀片是在 Si_3N_4 中加入了一定量的 SiC 晶须，故有较好的使用性能。国外一些切削专家认为，用 Si_3N_4 基陶瓷切削钢材效果不如 Al_2O_3 基复合陶瓷，故不推荐用其加工钢材。但用 FD02、FD03 和 SW21 切削淬硬钢（60～68 HRC）、高锰钢、高铬钢和轴承钢时也有较好的效果。

(3) Si_3N_2 - Al_2O_3 - Y_2O_3 复合陶瓷。它是以 Si_3N_4 为硬质相，Al_2O_3 为耐磨相，并添加少量的助烧结剂 Y_2O_3 经热压烧结而成，常称赛隆（Sialon）。如美国生产的 Sialon 牌号 KY3000，其成分为：77% 的 Si_3N_4，13% 的 Al_2O_3，10% 的 Y_2O_3，其硬度达 1800 HV，抗弯强度达 1.2 GPa。美国 Greeleaf 公司生产的 Grem4B 和瑞典 Sandvik 公司的 CC680 刀片，以及我国生产的 TP4、SC3 等均是赛隆陶瓷。KY3000 陶瓷刀片在高速下切削镍基高温合金时，其材料切除率是涂层硬质合金刀具的 7 倍。它除能采用较大的进给量及切削速度高速加工铸铁和高温合金外，还可在面铣刀上采用双正前角（侧前角和背前角均为正值）来加工铸铁。

3. 陶瓷刀具材料的新品种

(1) 纳米金属陶瓷刀具。这是我国合肥工业大学材料学院新近开发出的一种新型氧化铝基陶瓷刀具。它是在传统的 Al_2O_3 - TiC 金属陶瓷中加入纳米材料 TiN（氮化钛）和 AlN（氮化铝）改性而成，从而可细化晶粒、优化材料力学性能。使用表明，这是一种高技术含量、高附加值的新型刀具，可部分取代 K20(YG8)、P10(YT15) 等硬质合金刀具，刀具寿命可提高 2 倍以上，而生产成本则与 K20(YG8) 刀具相当。

(2) 涂层氮化硅陶瓷刀具。Si_3N_4 基陶瓷的韧性优于 Al_2O_3 基陶瓷，但其耐磨性稍差。切削铸铁时，Si_3N_4 陶瓷刀具的后刀面磨损大于 Al_2O_3 陶瓷刀具；切削钢料时，Si_3N_4 陶瓷刀具的月牙洼磨损较大。为此，国外在 Si_3N_4 基陶瓷表面上施以 TiN、TiC、Ti(C, N) 和 Al_2O_3 等涂层，可单涂层，也可多涂层。经涂层后的氮化硅刀具其磨损量为未涂层的 1/3，在加工普通铸铁的切削速度可达 200～1000 m/min，且寿命更长。例如，Sandvik 公司的 GC1690 涂层氮化硅陶瓷刀具在加工高强度灰铸铁时的进给量达 0.4 mm/r，切削速度为 500 m/min。Seco 日本公司的涂层 Si_3N_4 陶瓷刀具，切削钢材时抗月牙洼磨损的能力强，

其切削速度可达 Al_2O_3 基陶瓷刀具的切削速度,但进给量却大于后者而接近涂层硬质合金刀具,可使材料切除率大大提高。

(3) TiB_2 基陶瓷刀具。这是美国佐治亚州理工学院利用自扩散高温合成工艺(SHS,Self-propagating High-temperature Synthesis-process)研制出的一种新型陶瓷刀具,其商品名为 Advanced TiB_2。它的硬度是氮化硅的 2 倍,密度是硬质合金的 1/3,而显微硬度则比硬质合金高 900~1000 HV,其切削性能介于硬质合金和超硬材料 CBN 之间,用其铣削和车削黑色、有色金属,硬度大于 52 HRC 的淬硬钢和高温合金等材料时的刀具寿命是现有的硬质合金刀具的 56 倍。

此外,近几年来 ZrO_2 基刀具陶瓷的性能提高也取得了重要进展。ZrO_2 基陶瓷适于加工各种铝合金,包括硅含量高的硅铝合金。所以有人认为,TiB_2 基陶瓷、ZrO_2 基陶瓷与现在已在使用的 Si_3N_4 基陶瓷一样,有可能成为未来使用的主要刀具陶瓷材料。

2.1.5 立方氮化硼刀具材料的种类、性能和特点

立方氮化硼材料是 1957 年由美国通用电器公司首次人工合成的新型无机材料,是继人造金刚石问世之后人工合成的硬度仅次于金刚石的超硬材料。它具有高的硬度和热稳定性,对铁系金属元素有较大的化学惰性,抗黏结能力强,十分有利于加工黑色金属,也可加工脆硬钢、冷硬铸铁等各种难加工材料,其硬切削能力优于陶瓷材料;而且还能对高温合金、热喷涂材料、硬质合金及其他难加工材料进行高速切削和高速干切削;另外,在加工镍基合金时,立方氮化硼刀具是硬质合金刀具寿命的百倍以上。

1. 立方氮化硼的分类

立方氮化硼(CBN)有单晶体(CBN 单晶)和聚晶体(PCBN,Polycrystalline Cubic Born Nitride)之分。PCBN 是在高温高压下将微细的 CBN 单晶通过结合相(TiC、TiN、Al、Ti 等)烧结在一起的多晶材料。PCBN 克服了 CBN 单晶易解理和各向异性等缺点,因此,PCBN 主要用于制作刀具或其他工具。

根据制造合成工艺的不同,聚晶立方氮化硼可以分为整体 PCBN 烧结块和带硬质合金基体的 PCBN 复合片。整体 PCBN 烧结块是由无数细小的 CBN 颗粒在高温高压下烧结而成,PCBN 复合片是由 CBN 层与硬质合金基体在高温高压下烧结而成。目前应用比较广泛的是带黏结剂的聚晶立方氮化硼复合片。虽然整体 PCBN 烧结块克服了立方氮化硼单晶颗粒小以及各向异性的缺点,但它作为刀具在连接和焊接时仍存在一定问题,因为整体 PCBN 烧结体不易被通常的焊料所浸润粘接,难以直接进行焊接。聚晶立方氮化硼复合片则在焊接方面具有优势。

2. PCBN 刀具牌号及选用

由于 PCBN 材料具有独特的结构和特性,近年来广泛应用于黑色金属的切削加工中,尤其适合于淬硬钢、高硬铸铁、高硬热喷涂合金等难加工材料的切削加工。目前已有多个品种不同 CBN 含量、结合剂和粒度的 PCBN 刀具用于车刀、镗刀、铣刀等。在汽车制造业、自动化生产线等方面,PCBN 刀具的使用量已达到了相当的比例。表 2-8~表 2-10 是国内外 PCBN 刀具的牌号、性能及应用范围。

表 2 - 8　国产主要 PCBN 刀具的牌号、性能参数及应用范围

牌号	厂家	硬度/HV	抗弯强度/MPa	热稳定性/℃	应 用 范 围
FD	成都工具研究所	>4000	1570	>1000	各种淬火钢的粗、精加工；各种高硬铸铁、喷涂、喷焊、W/(Co)>10%硬质合金的加工
FD - J - CFⅡ		7000~8000	450~507	1000~1200	精车、半精车淬火钢、热喷涂零件、耐磨铸铁、部分高温合金的加工
LDP - J - XF		7000~8000	450~507	1000~1200	适用于异形和多刃刀具
DLS - F	第六砂轮厂	5800	333~568	1057~1121	适用于淬硬工具钢、高速钢、高温合金、钛合金等材料加工

表 2 - 9　株洲钻石切削刀具股份有限公司 PCBN 刀具的牌号及应用

牌号	特 性 及 应 用
YCB012	中等晶粒尺寸、较高 PCBN 含量(80%)的超硬刀片。具有极高的耐磨性。常用于珠光体铸铁、灰口铸铁和冷硬铸铁的粗、精加工以及硬化钢的半精加工
YCB011	细晶粒尺寸、较低 PCBN 含量(50%)的超硬刀片。细晶结构使刀片的刃口质量优良。最适合硬化钢的精加工。具有低的热导率,保持切削区的温度,适合于珠光体铸铁和冷硬铸铁的粗、精加工

表 2 - 10　山特维克可乐满(Sandvik Coromant)公司 PCBN 刀具牌号及应用

牌号	ISO 分类	特 性 及 应 用
CB20	H01	在立方氮化硼中添加了 TiN。将 CBN 焊接在硬质合金刀尖上。用于淬硬钢和淬硬铸铁的精加工工序,化学稳定性和耐磨性高
CB50	K05 H05	纯立方氮化硼。具有很高的耐黏结磨损性和韧性,也是将 CBN 焊接在硬质合金刀尖上。主要应用于恶劣条件的铸铁和淬硬材料的车削加工,也可用于工况稳定下淬硬钢的铣削
CB7020	H01	该牌号是立方氮化硼添加了 TiN 的 CBN 牌号,为了获得牢固的连接和高安全性,CBN 材料是烧结而不是焊接到每个硬质合金载体的刀尖上。该刀片带检测磨损用的 PVD 和 TiN 涂层,是在淬硬钢和淬硬铸铁的精加工工序中使用的高化学稳定性和高耐磨性的牌号
CB7050	K05 H05	该牌号是纯立方氮化硼牌号,具有很高的耐黏结磨损性和韧性。为了获得牢固的连接和高安全性,CBN 材料是烧结而不是焊接到每个硬质合金载体的刀尖上。该刀片带检测磨损用的 PVD 和 TiN 涂层,主要应用为恶劣条件下的铸铁和淬硬材料的加工

2.1.6　金刚石刀具材料的种类、性能和特点

金刚石是碳的同素异形体,是目前已知的最硬物质,其显微硬度可达 10 000 HV,同时也是目前硬度最高的刀具材料。在合适的加工条件下,金刚石刀具相比高速钢、硬质合金、陶瓷和聚晶立方氮化硼刀具的使用寿命更长。用它加工铜、铝等有色金属和非金属耐磨材料时的切削速度比硬质合金刀具高出一个数量级(例如铣削铝合金的切削速度为

3000～4000 m/min，高的甚至可达 7500 m/min)，使用寿命是硬质合金刀具的几十甚至几百倍。金刚石刀具过去主要用于精加工，近十几年来通过改进生产工艺，控制原料纯度和晶粒尺寸，采用复合材料和热压工艺等，其脆性有了重大改进，韧性提高，使用可靠性显著改善，已经可以作为常规刀具在生产中应用，对提高工效、保证产品质量起着重要作用。

1. 金刚石刀具材料的性能特点

金刚石刀具的硬度和耐磨性极高，切削刃非常锋利，刃部粗糙度值小，摩擦因数低、抗黏结性好，热导率高，切削时不易粘刀及产生积屑瘤，加工表面质量好。在加工有色金属时，表面粗糙度值可达 Ra0.10～0.05 μm，加工精度可达 IT5(孔 IT6)级以上，能有效地加工非铁金属材料和非金属材料，如铜、铝等有色金属及其合金、陶瓷、未烧结的硬质合金，各种纤维和颗粒加强的复合材料、塑料、橡胶、石墨、玻璃和各种耐磨木材(尤其是实心木和胶合板、MDF 等复合材料)。

金刚石刀具的缺点是韧性差，热稳定性低，与铁族元素接触时有化学反应($4C+3Fe \rightarrow Fe_3C_4$)，在 700～800℃时将碳化(即石墨化)，一般不适用于加工钢铁材料。用它切削镍基合金时，同样也会迅速磨损。所以通常不推荐用金刚石刀具加工高熔点金属及合金。此外，金刚石刀具刃磨困难，价格昂贵。

2. 金刚石刀具材料的品种分类

金刚石按其形成方式，分为天然和人造金刚石两种。天然金刚石一般为单晶晶体，人造金刚石按其使用要求可制成单晶晶体和多晶晶体，其中应用多晶制成的金刚石刀具有聚晶金刚石(PCD)刀具和化学气相沉积(CVD)金刚石刀具。金刚石(刀具)的种类如图 2-2 所示。

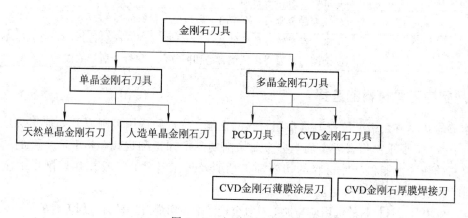

图 2-2　金刚石刀具种类

3. 金刚石刀具的牌号及应用

目前，金刚石刀具已经广泛应用于汽车、摩托车、航空航天工业、国防工业中一些难加工的有色金属及其合金零部件的高速精密加工。同时也用于加工耐磨有色金属及其合金和非金属材料，与硬质合金刀具相比，金刚石能在很长的切削过程中保持锋利刃口和切削效率，使用寿命远远高于硬质合金刀具。表 2-11～表 2-13 是国内外部分公司的金刚石刀具的牌号及应用范围。

表 2-11　部分国产金刚石复合刀具的牌号、性能及应用

牌号	厂　家	硬度（HV）	抗弯强度/MPa	热稳定性	应　用
FJ	成都工具研究所	＞6000	＞1500	＞700 ℃	各种耐磨非金属材料，如玻璃、粉末冶金、陶瓷；各种耐磨有色金属，如铝、铜、铜合金等
JRS-F	第六砂轮厂	7200	＞1500	950 ℃开始氧化	
YCD011	株洲钻石切削刀具股份有限公司	—	—	—	该牌号主要用于有色金属和非金属材料的加工

表 2-12　伊斯卡(ISCAR)公司金刚石刀具的牌号及应用

牌号	ISO 分类	加　工　对　象	应　用
ID4	—	优质铝合金、木材、FRP	普通车削加工
ID5	K01～K10	铝合金(Si＜12%)	高速半精加工到精加工，切槽和车削
ID6	K01～K10	铝合金(Si＞12%)	高速半精加工到精加工，车削工序

表 2-13　山特维克可乐满(Sandvik Coromant)公司金刚石刀具的牌号及应用

类别	牌号	应　用
聚晶金刚石	CD03	细晶粒聚晶金刚石，推荐用于需要锋利切削刃的铝铣削
	CD10	由平均直径为 7 μm 的细或中细粒度的晶粒构成，推荐使用于有色金属和非金属材料的半精加工
	CD30	粗晶粒聚晶金刚石，推荐用于高磨损性材料的加工
CVD 金刚石	CD1810	是基于经过特殊处理的基体的 CVD 金刚石涂层刀片，6～8 μm 厚的高纯度金刚石涂层提供了优良的切削有色金属合金所需的性质

2.1.7　数控刀具材料的选择

　　本章前几小节介绍了数控刀具常用材料的性能、特点和适用范围以及如何正确选择刀具材料、牌号，要求操作者需全面掌握金属切削的基本知识和规律，其中最主要的是了解刀具材料的切削性能和工件材料的切削加工性能及加工条件，紧紧抓住切削中的主要矛盾，同时兼顾经济合理来决定取舍。

　　实际应用时刀具材料的选用应与加工对象合理匹配。切削刀具材料与加工对象的匹配主要指二者的力学性能、物理性能和化学性能相匹配，以获得最长的刀具寿命和切削加工生产率。

　　1. 切削刀具材料与加工对象的力学性能匹配

　　切削刀具材料与加工对象的力学性能匹配主要是指刀具与工件材料的强度、韧性和硬度等力学性能参数要相匹配。具有不同力学性能的刀具材料所适合加工的工件材料有所不同。

　　刀具材料硬度顺序为：金刚石刀具＞立方氮化硼刀具＞陶瓷刀具＞硬质合金＞高速钢。

　　刀具材料的抗弯强度顺序为：高速钢＞硬质合金＞陶瓷刀具＞立方氮化硼刀具＞金刚石刀具。

　　刀具材料的韧度大小顺序为：高速钢＞硬质合金＞立方氮化硼刀具、金刚石刀具、陶

瓷刀具。

高硬度的工件材料，必须用高硬度的刀具来加工，刀具材料的硬度必须高于工件材料硬度，一般要求在 HRC 60 以上。刀具材料硬度越高，其耐磨性就越好。如硬质合金中含钴量增多时，其强度和韧性增加，硬度降低，适合于粗加工；含钴量减少时，其硬度和耐磨性增加，适合于精加工。具有优良高温力学性能的刀具尤其适合于高速切削加工。陶瓷刀具优良的高温性能使其能够以高的速度进行切削，允许的切削速度可比硬质合金提高 2～10 倍。

2. 切削刀具材料与加工对象的物理性能匹配

具有不同物理性能的刀具，如高导热和低熔点的高速钢刀具、高熔点和低热胀的陶瓷刀具、高导热和低热胀的金刚石刀具等，所适合加工的工件材料有所不同。加工导热性差的工件时，应采用导热较好的刀具材料，以使切削热得以迅速传出而降低切削温度。金刚石由于导热系数及热扩散率高，切削热容易散出，不会产生很大的热变形，这对尺寸精度要求很高的精密加工刀具来说尤为重要。

各种刀具材料的耐热温度：金刚石刀具为 700～800℃、立方氮化硼刀具为 1300～1500℃、陶瓷刀具为 1100～1200℃、TiC(N)基硬质合金为 900～1100℃、WC 基超细晶粒硬质合金为 800～900℃、高速钢为 600～700℃。

各种刀具材料热胀系数的大小顺序为：高速钢＞WC 基硬质合金＞TiC(N)基硬质合金＞Al_2O_3 基陶瓷＞立方氮化硼＞Si_3N_4 基陶瓷＞聚晶金刚石。

各种刀具材料的抗热震性大小顺序为：高速钢＞WC 基硬质合金＞Si_3N_4 基陶瓷＞立方氮化硼＞聚晶金刚石＞TiC(N)基硬质合金＞Al_2O_3 基陶瓷。

3. 切削刀具材料与加工对象的化学性能匹配

切削刀具材料与加工对象的化学性能匹配问题主要是指刀具材料与工件材料化学亲和性、化学反应、扩散和溶解等化学性能参数要匹配。材料不同的刀具所适合加工的工件材料有所不同。

各种刀具材料抗黏结温度高低为（与钢）：立方氮化硼＞陶瓷＞硬质合金＞高速钢。

各种刀具材料抗氧化温度高低为：陶瓷＞立方碳化硼＞硬质合金＞金刚石＞高速钢。

各种刀具材料对钢铁的扩散强度大小为：金刚石＞Si_3N_4 基陶瓷＞立方氮化硼＞Al_2O_3 基陶瓷。

对钛的扩散强度大小为：Al_2O_3 基陶瓷＞立方氮化硼＞Si_3N_4 基陶瓷＞金刚石。

4. 数控刀具材料的合理选择

一般而言，立方氮化硼、陶瓷刀具、涂层硬质合金及 TiC(N)基硬质合金刀具适合于对钢铁等黑色金属的数控加工；而聚晶金刚石刀具(PCD)适合于对 Al、Mg、Cu 等有色金属材料及其合金和非金属材料的加工。表 2-14 列出了上述刀具材料所适合加工的一些工件材料。

表 2-14　刀具材料所适合加工的一些材料

刀具	高硬钢	耐热合金	钛合金	镍基高温合金	铸铁	纯钢	高硅铝合金	FRP 复合材料
PCD	×	×	⊙	×	×	×	⊙	⊙
PCBN	⊙	⊙	○	—	—	●	●	●
陶瓷刀具	⊙	⊙	×	⊙	⊙	●	×	×

49

刀具	高硬钢	耐热合金	钛合金	镍基高温合金	铸铁	纯钢	高硅铝合金	FRP 复合材料
涂层硬质合金	○	⊙	⊙	●	⊙	⊙	●	●
TiC(N)基硬质合金	●	×	×	×	⊙	●	×	×

注：符合含义是⊙—优，○—良，●—尚可，×—不合适。

2.2　各种常用数控加工刀具

2.2.1　数控车削刀具

1. 数控车刀的种类和用途

数控车削是数控加工中应用最多的加工方法之一，而数控车刀是指数控车床上应用的各种刀具的总称，用于加工外圆、内孔、端面、螺纹、切槽等。图 2-3 所示为数控车刀的主要类型和用途。

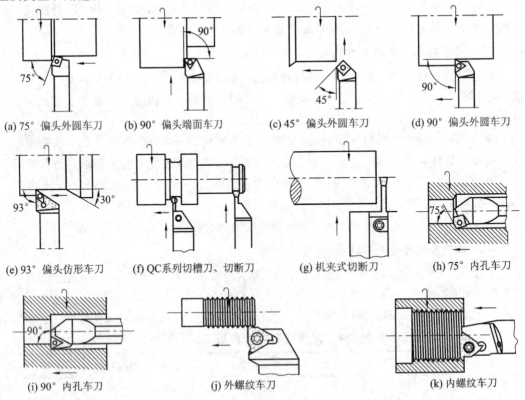

(a) 75°偏头外圆车刀　(b) 90°偏头端面车刀　(c) 45°偏头外圆车刀　(d) 90°偏头外圆车刀

(e) 93°偏头仿形车刀　(f) QC系列切槽刀、切断刀　(g) 机夹式切断刀　(h) 75°内孔车刀

(i) 90°内孔车刀　　　(j) 外螺纹车刀　　　　　(k) 内螺纹车刀

图 2-3　数控车刀类型和用途

数控车刀的种类较多，分类标准也不一样，按用途可分为外圆车刀、端面车刀、切断

刀、螺纹车刀等；按切削部分材料可分为：高速钢车刀、硬质合金车刀、陶瓷车刀、金刚石车刀等；按结构可分为整体式、焊接式、机夹可重磨式、机夹可转位式等。下面以结构分类为标准讲述数控车刀的特点和应用场合。

1）整体车刀

整体车刀是由整块高速钢淬火、磨制而成的，俗称"白钢刀"，形状为长条形、截面为正方形或矩形，使用时可根据不同用途将切削部分修磨成所需形状。

2）焊接式车刀

这种车刀是将一定形状的硬质合金刀片钎焊在刀杆的刀槽内制成的。其结构简单，紧凑、刚性好、抗震性能好，使用灵活，制造刃磨方便，刀具材料利用充分，在一般的中小批量生产和修配生产中应用较多。但这种车刀由于硬质合金刀片与刀杆材料的线膨胀系数和导热性能不同，刀片在刃磨和焊接的高温作用后冷却时，常产生内应力，极易引起裂纹，降低刀片的抗弯强度，致使车刀工作时刀片产生崩刃现象。刀杆随刀片的用尽而报废，不能重复使用，刀片也不能充分回收利用，造成刀具材料的浪费。另外，用在重型车床上的车刀，因其尺寸较大，重量大，焊接时不方便，刃磨也较困难。

焊接式硬质合金刀片，其形状和尺寸有统一的标准规格。在设计和制造时，应根据其不同用途，选用合适的硬质合金牌号和刀片的形状规格。车刀刀杆的头部应按选定的刀片形状尺寸做出刀槽，以便放置刀片，进行焊接。在焊接强度和制造工艺允许的情况下，应尽可能选择焊接面少的形状。因为焊接面多，焊接后刀片产生的内应力较大，容易产生裂纹。

焊接式车刀的刀槽有敞开式、半封闭式、封闭式等形式，如图 2-4 所示。敞开式的焊接面最少，而封闭式最多，内应力也最大。一般刀片底面积较小而又要求焊接牢固的情况下才采用封闭式，如螺纹车刀等。

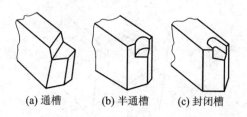

(a) 通槽　　　(b) 半通槽　　　(c) 封闭槽

图 2-4　刀槽形式

3）机夹可重磨式车刀

机夹可重磨式车刀（图 2-5 所示为上压式机夹车刀，图 2-6 所示为侧压式机夹车刀）是用机械夹固的方法将刀片固定在刀杆上，它由刀片、刀垫、刀杆和夹紧机构等组成。这种车刀是针对于硬质合金焊接车刀的缺陷而出现的。与硬质合金焊接车刀相比，机夹可重磨式车刀有很多优点，如刀片不经高温焊接，排除了产生焊接应力和裂纹的可能性；刀杆可以多次重复使用，使刀杆材料利用率大大提高，成本下降；刀片用钝后可多次刃磨，不能使用时还可以回收。缺点是在使用过程中仍需刃磨，不能完全避免由于刃磨而引起的热裂纹；其切削性能仍取决于工人刃磨的技术水平；刀杆制造复杂。

51

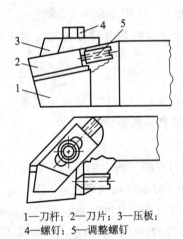

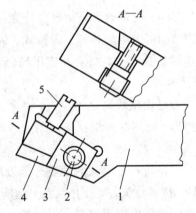

1—刀杆；2—刀片；3—压板；　　　　1—刀杆；2—压紧螺钉；3—楔块；
4—螺钉；5—调整螺钉　　　　　　　4—刀片；5—调整螺钉

图 2-5　上压式机夹车刀　　　　　图 2-6　侧压式机夹车刀

4）机夹可转位式车刀

机夹可转位式刀具，是一种把可转位刀片用机械夹固的方法装夹在特制的刀杆上使用的刀具，如图 2-7 所示。在使用过程中，当切削刃磨钝后，不需刃磨，只需通过刀片的转位，即可用新的切削刃继续切削。只有当可转位刀片上所有的切削刃都磨钝后，才需要换新刀片。机夹可转位式车刀（简称可转位车刀）是数控车刀的一类，它除了具有焊接式、机夹重磨式刀具的优点外，还具有切削性能和断屑性能稳定、停车换刀时间短、可完全避免焊接和刃磨引起的热应力和热裂纹、有利于合理使用硬质合金和新型复合材料、有利于刀杆和刀片的专业化生产等优点。因此机夹可转位刀具应用范围不断地扩大，已成为刀具发展的一个重要方向。

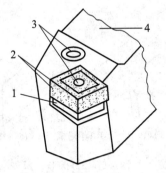

1—刀垫；2—刀片；3—夹固元件；4—刀杆

图 2-7　可转位机夹车刀

2. 机夹可转位式车刀

1）机夹可转位外圆车刀代码

机夹可转位外圆车刀的 ISO 代码如图 2-8 所示，该代码用 10 位编码表示车刀各种形状参数，第 10 位是制造商根据需要增加的编码，以说明刀具的特殊用途，一般在刀具使用说明中注明。

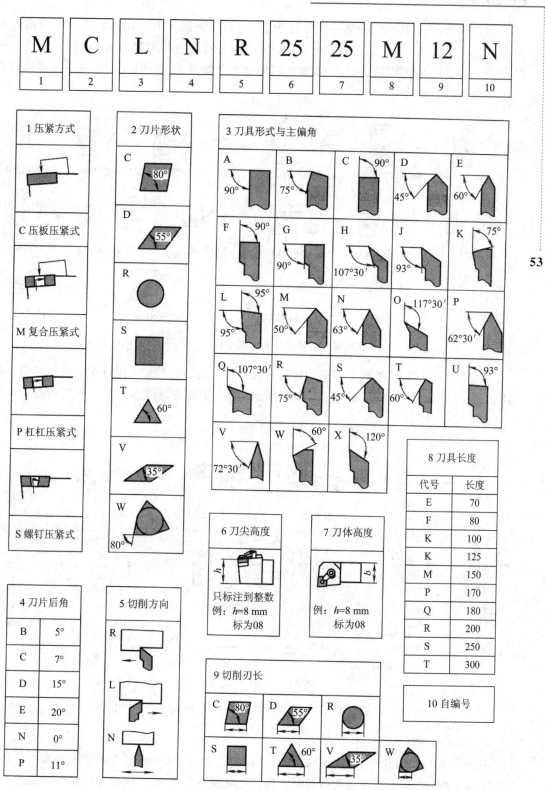

图 2-8　机夹可转位外圆车刀的 ISO 代码

复合压紧式(刀具代码的第一个字母为 M)可转位外圆车刀采用偏心销和压板两种夹紧方式复合压紧刀片,该方式夹紧可靠,能承受较大的切削负荷和冲击,适用于重负荷断续切削。其刀具型号(0°后角刀片)及加工时切削方向如图 2-9 所示(注意图中刀具视图和切削方向为右手刀)。

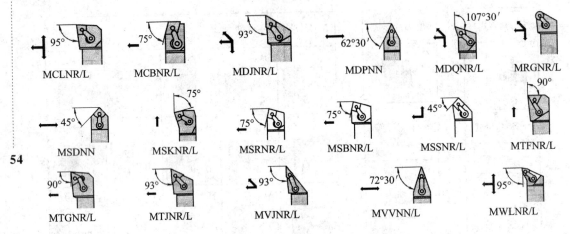

图 2-9　复合压紧式可转位外圆车刀型号(0°后角刀片)及切削方向

螺钉压紧式可转位外圆车刀采用螺钉直接压紧,其结构简单,配件少,切屑流动比较通畅。采用7°后角刀片时,适用于轻载切削加工场合,其刀具型号及加工时切削方向如图 2-10 所示。

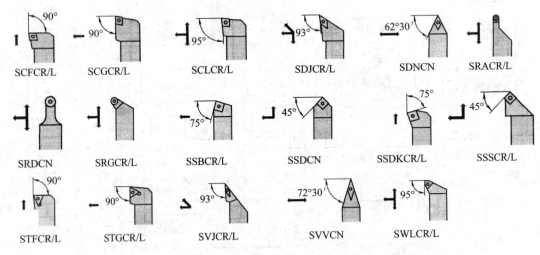

图 2-10　螺钉压紧式可转位外圆车刀型号(7°后角刀片)及切削方向

2)机夹可转位式内孔车刀代码

机夹可转位式内孔车刀(镗刀)的 ISO 代码如图 2-11 所示。其中螺钉压紧式内孔车刀结构简单,配件少,切屑流动比较通畅。图 2-12 所示为采用 7°后角刀片的可转位式内孔车刀的刀具型号及加工时的切削方向,这种车刀适用于轻载切削加工的场合。为防止后刀面与内孔表面产生摩擦挤压,一般应采用带一定后角的刀片。

54

1 刀杆形式
A 内冷却钢制刀杆
E 硬质合金常规刀杆
F 防振刀杆
S 整体钢制刀杆

2 刀杆直径

d_m

3 刀具长度

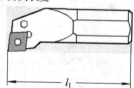
l_1

F=80	S=250
H=100	T=300
K=125	U=350
M=150	V=400
P=170	W=450
Q=180	Y=500
R=200	X=特殊设计

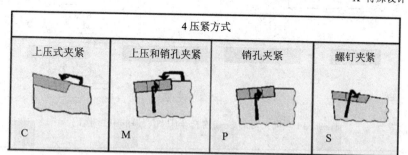

4 压紧方式			
上压式夹紧	上压和销孔夹紧	销孔夹紧	螺钉夹紧
C	M	P	S

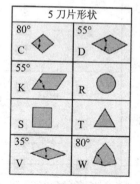

5 刀片形状	
80° C	55° D
55° K	R
S	T
35° V	80° W

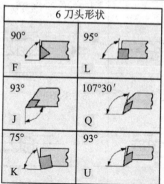

6 刀头形状	
90° F	95° L
93° J	107°30′ Q
75° K	93° U

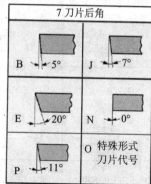

7 刀片后角	
B 5°	J 7°
E 20°	N 0°
P 11°	O 特殊形式 刀片代号

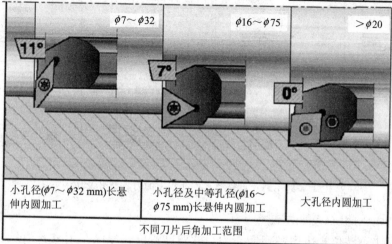

$\phi7\sim\phi32$	$\phi16\sim\phi75$	$>\phi20$
11°	7°	0°
小孔径($\phi7\sim\phi32$ mm)长悬伸内圆加工	小孔径及中等孔径($\phi16\sim\phi75$ mm)长悬伸内圆加工	大孔径内圆加工
不同刀片后角加工范围		

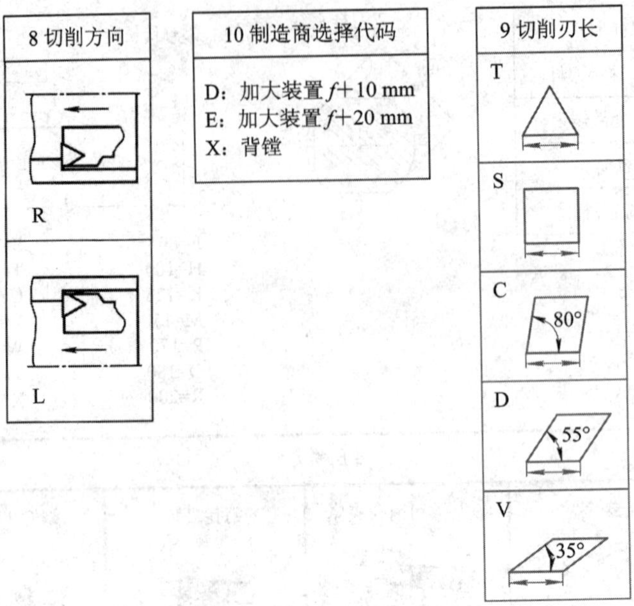

8 切削方向	10 制造商选择代码	9 切削刃长
R	D: 加大装置 $f+10$ mm E: 加大装置 $f+20$ mm X: 背镗	T
L		S
		C 80°
		D 55°
		V 35°

图 2-11　机夹可转位式内孔车刀（镗刀）的 ISO 代码

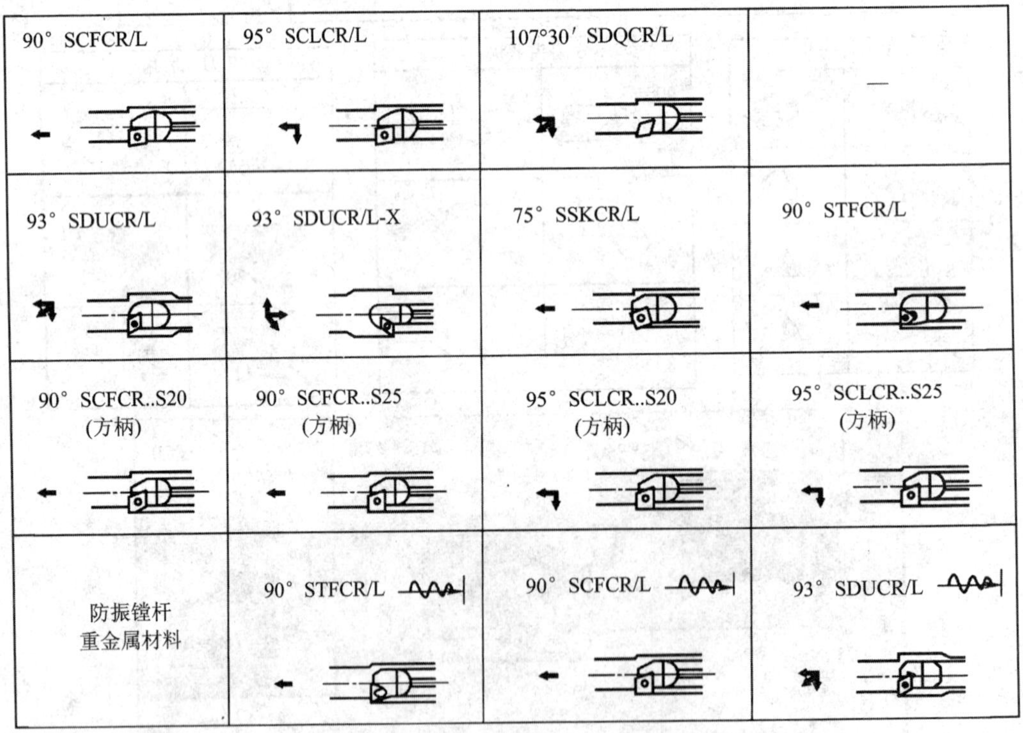

90° SCFCR/L	95° SCLCR/L	107°30′ SDQCR/L	—
93° SDUCR/L	93° SDUCR/L-X	75° SSKCR/L	90° STFCR/L
90° SCFCR..S20 （方柄）	90° SCFCR..S25 （方柄）	95° SCLCR..S20 （方柄）	95° SCLCR..S25 （方柄）
防振镗杆 重金属材料	90° STFCR/L	90° SCFCR/L	93° SDUCR/L

图 2-12　7°后角刀片可转位式内孔车刀的刀具型号及切削方向

3）其他机夹可转位式车刀代码

目前，机夹可转位式切槽和切断车刀、机夹可转位式螺纹车刀还没有统一的 ISO 代码，但不同刀具制造商采用的代码大同小异，主要包括刀片压紧方式、刀片切削角度、切削方向和刀具长度等。

图 2-13 所示为山特维克可乐满的机夹可转位式切槽和切断车刀代码格式，图 2-14 所示为成都英格数控刀具模具有限公司生产的机夹可转位式螺纹车刀代码格式。

Coromant Capto

C4	-	R	F	123	E	15	-	27055	B
1		2	3	4	5	6		7	8

刀柄

R	F	123	E	08	=	1616	B
2	3	4	5	6		7	8

007
10

S
11

57

1 接口型号	2 刀具的左右手	3 刀柄类型

1 接口型号

C=Coromant Capto D_{5m}=接口型号

C3 D_{5m}=32
C4 D_{5m}=40
C5 D_{5m}=50
C6 D_{5m}=63

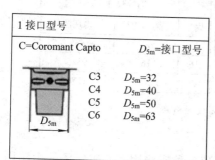

2 刀具的左右手

R

N

L

3 刀柄类型

F   G   X
0°   90°   1°～70°

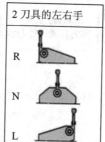

4 主编号	5 刀片座型号	7 刀板/切削单元尺寸

4 主编号

123

5 刀片座型号

D   H   对应于刀片上的刀
E   J   片座型号。
F   K
G   L

6 加工范围

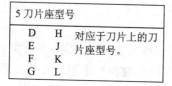

最大切削深度：a_r，
单位：mm

7 刀板/切削单元尺寸

Coromant Capto   常规刀板

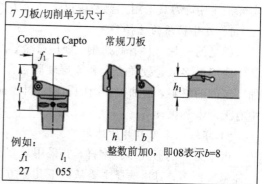

例如：
f_1 l_1
27   055

整数前加0，即08表示b=8

8 夹紧系统

A   B   C
弹簧夹紧   螺钉夹紧   切浅槽

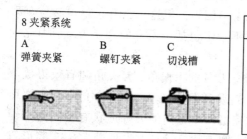

9 刀片数

1 单刀片座
2 双刀片座

10 刀柄角度

007=7°
045=45°
070=70°
对刀柄有效=X

11 特殊应用

S=Swiss 型机床用刀柄

图 2-13   机夹可转位式切槽和切断车刀代码格式

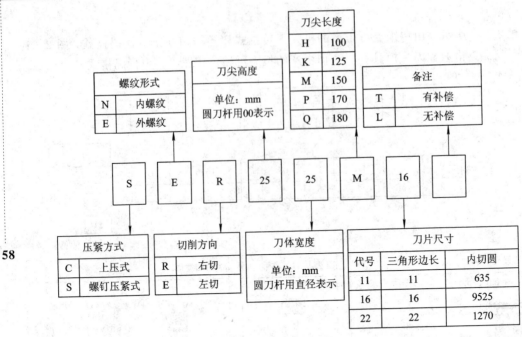

图 2-14　机夹可转位式螺纹车刀代码格式

3. 数控车削刀具选用

数控车床刀具的选用要根据加工零件的图样考虑到各种影响因素，如机床的影响因素，刀杆截面形状，刀片材质、形状、加紧方式、断屑槽以及工件材料等因素。数控车床在实际加工中，刀具选用主要考虑以下几个方面：

1) 刀片材质的选择

常见的刀片材料有高速钢、硬质合金、涂层硬质合金、陶瓷、立方氮化硼和金刚石等，其中应用最多的是硬质合金和涂层硬质合金刀片。数控车床选择刀片材质的主要依据是被加工工件的材料、被加工表面的精度、对表面质量的要求、切削载荷的大小以及切削过程中有无冲击和振动等。

2) 可转位车刀刀片的选用

由于刀片的形式多种多样，并采用了多种刀具结构和几何参数，因此，可转位车刀的品种越来越多，刀片选择主要从以下几个方面考虑。

(1) 刀片的紧固方式。在国家标准中，一般紧固方式有上压式(代码 C)、上压与销孔夹紧(代码 M)、销孔夹紧(代码 P)和螺钉夹紧(代码 S)四种。但这仍没有包括可转位车刀所有的夹紧方式，而且，各刀具商所提供的产品并不一定包括了所有的夹紧方式，因此选用时要查阅产品样本。

(2) 刀片外形的选择。刀片外形与加工的对象、刀具的主偏角、刀尖角和有效刃数等有关。一般外圆车削常用三边形(W 型)、四方形(S 型)和菱形(C 型)刀片。仿形加工常用55°(D 型)、35°(V 型)菱形和圆形(R 型)刀片。数控机床中不同的刀片形状有不同的刀尖强度，一般刀尖角越大，刀尖强度越大；反之亦然。圆刀片(R 型)刀尖角最大，35°菱形刀片(V 型)刀尖角最小。在选用时，应根据加工条件恶劣与否，按重、中、轻切削有针对性地选择。在机床刚性与功率允许的条件下，大余量、粗加工应选用刀尖角较大的刀片；反之，数控机床刚性和功率小、小余量、精加工时宜选用较小刀尖角的刀片。

（3）刀片后角的选择。常用的刀片后角有 N（O°）、C（7°）、P（11°）、E（20°）等型号。一般粗加工、半精加工可用 N 型；半精加工、精加工可用 C、P 型，也可用带断屑槽形的 N 型刀片；加工铸铁、硬钢可用 N 型；加工不锈钢可用 C、P 型；加工铝合金可用 P、E 型等；加工弹性恢复性好的材料可选用较大一些的后角；一般孔加工刀片可选用 C、P 型，大尺寸孔可选用 N 型。

（4）刀尖圆弧半径的选择。刀尖圆弧半径不仅影响切削效率，而且关系到被加工表面的粗糙度及加工精度。从刀尖圆弧半径与最大进给量关系来看，最大进给量不应超过刀尖圆弧半径尺寸的 80%，否则将恶化切削条件，甚至出现螺纹状表面和打刀等问题。数控车刀刀尖圆弧半径还与断屑的可靠性有关，为保证断屑，切削余量和进给量都有一个最小值。当刀尖圆弧半径减小时，所得到的这两个最小值也相应减小，因此，从断屑可靠性角度出发，通常对于小余量、小进给车削加工应采用小的刀尖圆弧半径，反之宜采用较大的刀尖圆弧半径。

粗加工时，注意以下几点：

① 为提高切削刃的强度，应尽可能选取大刀尖半径的刀片，大刀尖半径可允许大进给量。

② 在有振动倾向时，则选择较小的刀尖半径。

③ 常用刀尖半径为 1.2～1.6 mm。

精加工时，注意以下几点：

① 精加工的表面质量不仅受刀尖圆弧半径和进给量的影响，还受工件装夹稳定性、夹具和机床的整体条件等因素的影响。

② 在有振动倾向时选较小的刀尖半径。

③ 非涂层刀片比涂层刀片加工的表面质量高。

（5）断屑槽形的选择。断屑槽的参数直接影响着切屑的卷曲和折断，目前刀片的断屑槽形式较多，各种断屑槽刀片使用情况不尽相同。槽形可根据加工类型和加工对象的材料特性来确定，虽然，各供应商表示方法不一样，但思路基本一样。基本槽形按加工类型有精加工（代码 F）、普通加工（代码 M）和粗加工（代码 R）；加工材料按国际标准有加工钢的 P 类，不锈钢、合金钢的 M 类和铸铁的 K 类。这两种情况组合就有了相应的槽形，比如 FP 指用于钢的精加工槽形，MK 是用于铸铁普通加工的槽形等。如果加工向两方向扩展，如超精加工和重型粗加工，以及材料扩展，如耐热合金、铝合金，有色金属等，就有了超精加工、重型粗加工和加工耐热合金、铝合金等补充槽形，选择时可查阅具体的产品样本。一般可根据工件材料和加工的条件选择合适的断屑槽形和参数。当断屑槽形和参数确定后，就主要靠进给量的改变来控制断屑。

3）车刀刀杆头部形式的选择

车刀刀杆头部形式按主偏角和直头、弯头等分为多种，各形式规定了相应的代码，在国家标准和刀具样本中都一一列出，可以根据实际情况选择。数控车床上加工直角台阶的工件，可选主偏角大于或等于 90°的刀杆。一般粗车可选主偏角 45°～90°的刀杆；精车可选 45°～75°的刀杆；中间切入、仿形车削则选用 45°～107°30′的刀杆；工艺系统刚性好时可选较小值，工艺系统刚性差时，可选较大值。当刀杆为弯头结构时，则既可加工外圆，也可加工端面。

4）左右手刀柄的选择

左右手刀柄有 R（右手）、L（左手）、N（左右手）三种类型，要注意区分左、右刀的方向。

选择时要考虑车床刀架是前置式还是后置式，前面是向上还是向下以及主轴的旋转方向和需要的进给方向等。

5) 刀夹

数控车刀一般通过刀夹（座）装在刀架上。刀夹的结构主要取决于刀体的形状、刀架的外形和刀架对主轴的配置三种因素。用户在选择类型时要根据刀架对主轴的配置形式、刀架与刀夹连接部分的结构形式来选择，在满足精度要求外，应尽量减少刀夹的种类、形式，以利于管理。

2.2.2 数控铣削刀具

1. 铣刀的种类和用途

铣刀是一种在回转体表面上或端面上分布有多个刀齿的多刃刀具，每一个刀齿相当于一把车刀，如图 2-15 所示。因此，铣削是断续切削，采用铣刀加工工件，可使生产效率提高。铣刀种类较多，其中立式、卧式数控铣床和加工中心上最常用的铣刀有平面铣刀、立铣刀、键槽铣刀和球头铣刀等。此外，一些常用于普通铣床上的铣刀，也可用于数控铣削加工。

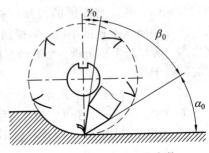

图 2-15　铣刀的刀齿参数

铣刀的类型按刀齿结构可分为尖齿铣刀和铲齿铣刀。按刀齿和铣刀的轴线的相对位置可分为圆柱形铣刀、角度铣刀、面铣刀、成形铣刀等。按刀齿形状可分为直齿铣刀、螺旋齿铣刀、角形齿铣刀、曲线齿铣刀。按刀具结构可分为整体铣刀、组合铣刀、成组或成套铣刀、镶齿铣刀、机夹焊接铣刀、可转位铣刀等。但通常还是以切削刀齿被加工形式来分。

1) 尖齿铣刀

尖齿铣刀可分为下列种类：

（1）面铣刀。有整体面铣刀、镶齿面铣刀、机夹可转位面铣刀等，用于粗、半精、精加工各种平面、台阶面等。

（2）立铣刀。用于铣削台阶面、侧面、沟槽凹槽、工件上各种形状的孔及内外曲线表面等。

（3）键槽铣刀。用于铣削键槽等。

（4）槽铣刀和锯片铣刀。用于铣削各种槽、侧面、台阶面及锯断等。

（5）专用槽铣刀。用于铣削各种特殊槽形，有T形槽铣刀、半月键槽铣刀、燕尾槽铣刀等。

（6）角度铣刀。用于铣削刀具的直槽、螺旋槽等。

（7）模具铣刀。用于铣削各种模具的凸、凹成形面等。

（8）成组铣刀。将数把铣刀组合成一组铣刀，用于铣削复杂的成形面、大型零件不同部位的表面和宽平面等。

2) 铲齿铣刀

铲齿铣刀的特点是齿背经铲制而成，铣刀用钝后仅刃磨前刀面，易于保持切削刃原有的形状，因此适用于切削廓形复杂的工件，如成形铣刀。

2. 数控加工中常用铣刀

1) 面铣刀

如图 2-16 所示，面铣刀圆周方向切削刃为主切削刃，端部切削刃为副切削刃，可用于立式铣床或卧式铣床上加工台阶面和平面，生产效率较高。面铣刀多制成套式镶齿结构，刀齿为高速钢或硬质合金，刀体为 40Cr。高速钢面铣刀按国家标准规定，直径 $d=80\sim250$ mm，螺旋角 $\beta=10°$，刀齿数 $z=10\sim26$。

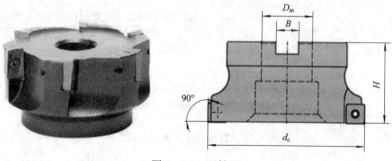

图 2-16　面铣刀

硬质合金面铣刀的铣削速度、加工效率和工件表面质量均高于高速钢铣刀，并可加工带有硬皮和淬硬层的工件，因而在数控加工中得到了广泛的应用。图 2-17 所示为常用硬质合金面铣刀的种类。整体焊接式面铣刀(见图 2-17(a))是将硬质合金刀片焊接在刀体上，结构紧凑，较易制造。但刀齿磨损后整把刀将报废，故已较少使用。机夹焊接式面铣刀(见图 2-17(b))是将硬质合金刀片焊接在小刀头上，再采用机械夹固的方法将刀装夹在刀体槽中。刀头报废后可换上新刀头，因此延长了刀体的使用寿命。由于整体焊接式和机夹焊接式面铣刀难于保证焊接质量，且刀具耐用度低、重磨较费时，目前已被可转位式面铣刀(见图 2-17(c))所取代。

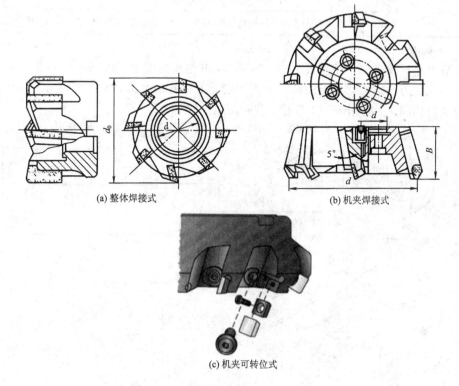

(a) 整体焊接式　　　　　　　　　　　(b) 机夹焊接式

(c) 机夹可转位式

图 2-17　常用硬质合金面铣刀的种类

常用硬质合金可转位面铣刀的类型见表 2 – 15。

表 2 – 15　常见硬质合金可转位面铣刀的类型

划分方法	品　种	简　要　说　明
按主偏角划分	90°	主要用于加工带直角台阶的平面
	75°	一般平面铣削加工
	60°	
	45°	因其可适当减少侧向力，从而避免铣刀切出时损伤被加工表面的边缘，主要用于加工铸铁等脆性材料
按齿数分（φ200 mm 以上）	粗齿	主要用于粗加工或半精加工以及实体加工
	中齿	
	细齿	主要用于半精加工和精加工以及箱体零件加工
	密齿	
按前角分（γ_p、γ_f 组合）	双正前角	$\gamma_p > 0°$，$\gamma_f > 0°$，适用于软钢、合金钢、有色金属加工
	双负前角	$\gamma_p < 0°$，$\gamma_f < 0°$，适用于销钢、铸铁等加工
	正负前角	$\gamma_p > 0°$，$\gamma_f < 0°$，适用于钢、合金钢、铸铁等加工
按刀齿分布分	等齿距面铣刀	各刀齿在圆周上均匀分布
	不等齿距面铣刀	各刀齿在圆周上非均匀分布，利用相邻各齿切入切出的周期不同来减缓等齿距铣削力周期激振所引起的工艺系统振动，起到消振作用
	阶梯面铣刀	将刀齿分成不同直径的几组，每组刀齿高出端面距离不等，形成分层切削

2）立铣刀

立铣刀是数控机床上用得最多的一种铣刀，其结构如图 2 – 18 所示。图 2 – 19 所示为几种典型立铣刀形式。立铣刀的圆柱表面和端面上都有切削刃，它们可同时进行切削，也可单独进行切削，主要用于加工凹槽、台阶面和小的平面。

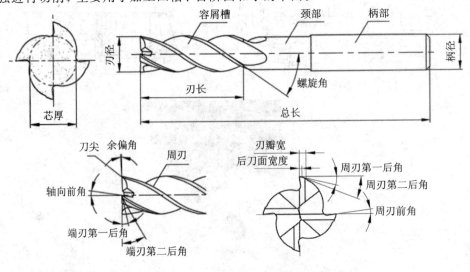

图 2 – 18　立铣刀结构

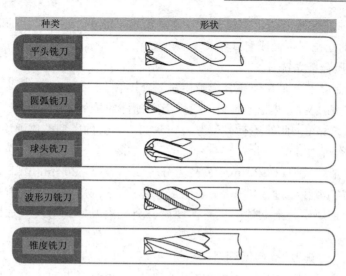

种类	形状
平头铣刀	
圆弧铣刀	
球头铣刀	
波形刃铣刀	
锥度铣刀	

图 2-19   几种典型立铣刀形式

立铣刀圆柱表面的切削刃为主切削刃，端面上的切削刃为副切削刃。主切削刃一般为螺旋齿，这样可以增加切削平稳性，提高加工精度。由于普通立铣刀端面中心处无切削刃，所以立铣刀不能作轴向进给，端面刃主要用来加工与侧面相垂直的底平面。

为了能加工较深的沟槽，并保证有足够的备磨量，立铣刀的轴向长度一般较长。为改善切屑卷曲情况，增大容屑空间，防止切屑堵塞，立铣刀的刀齿数比较少，容屑槽圆弧半径则较大。一般粗齿立铣刀齿数 $z=3\sim4$，细齿立铣刀齿数 $z=5\sim8$，套式结构铣刀齿数 $z=10\sim20$，容屑槽圆弧半径 $r=2\sim5$ mm。表 2-16 所示为不同刃数的立铣刀特点。

表 2-16   不同刃数的立铣刀特点

刃 数		两 刃	三 刃	四 刃
横截面形状				
横截面形状所占比例		54%	56%	60%
特征	优点	容屑空间大 切屑排出容易	切屑排出容易 表面光洁度良好	刚性好 表面光洁度良好
	缺点	刚性差	外径测定较困难	切屑排出不畅
用途		切槽加工 侧面加工 孔加工	切槽加工 侧面加工 重切削 精加工	浅槽加工 侧面加工 精加工

标准立铣刀的螺旋角 β 为 $40°\sim45°$（粗齿）和 $30°\sim35°$（细齿），套式结构立铣刀的 β 为 $15°\sim25°$。直径较小的立铣刀一般制成带柄形式。$\phi2\sim\phi71$ mm 的立铣刀制成直柄；$\phi6\sim\phi63$ mm 的立铣刀制成莫氏锥柄；$\phi25\sim\phi80$ mm 的立铣刀做成 7∶24 锥柄，内有螺孔用来拉紧刀具。但是由于数控机床要求铣刀能快速自动装卸，故立铣刀柄部形式也有很大不

同，一般是由专业厂家按照一定的规范设计制造成统一形式、统一尺寸的刀柄。直径大于 $\phi40\sim\phi60$ mm 的立铣刀可做成套式结构。

（1）整体硬质合金立铣刀。

整体硬质合金立铣刀是在硬质合金圆棒料上直接磨出刃形而成。整体硬质合金立铣刀刚性高、精度好、耐磨损、热稳定性好，适用于零部件的精加工。整体硬质合金立铣刀规格一般为 $\phi2\sim\phi20$ mm。此外还有刃径为 $\phi0.5\sim\phi1.5$ mm 的微型整体硬质合金立铣刀，用于微小零件的微细精加工。

一般硬质合金立铣刀以 $\phi20$ mm 刃径为分界线。刃径 $\phi20$ mm 以下者，多制成整体硬质合金立铣刀。刃径超过 $\phi20$ mm，若制成整体式，则成本高，加工制造困难，故多制成可转位或者焊接硬质合金立铣刀。整体硬质合金立铣刀形式与尺寸如图 2-20 和表 2-17 所示。

整体硬质合金立铣刀按切削刃形状分，有平端、圆 R 端、球头、锥刃、锥刃球头、成形、微型切削刃等。按切削刃数分，有单刃、双刃、3 刃及 4 刃和多刃之分。按切削用途分，有键槽加工、台阶加工、侧面加工、圆 R 加工、倒角加工、轮廓加工、仿形加工、高硬度材料加工、难切削材料加工及非金属材料加工等类型。

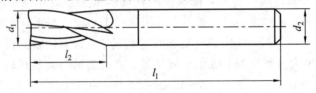

图 2-20 整体硬质合金直柄立铣刀

表 2-17 整体硬质合金直柄立铣刀主要尺寸　　　　　mm

直径 d_1	柄部直径 d_2	总长 l_1	刃长 l_2	直径 d_1	柄部直径 d_2	总长 l_1	刃长 l_2
1.0	3	38	3	5.0	5	47	13
	4	43			6	57	
1.5	3	38	4	6.0	6	57	13
	4	43		7.0	8	63	16
2.0	3	38	7	8.0		63	19
	4	43		9.0	10	72	19
2.5	3	38	8	10.0	10	72	22
	4	43		12.0	12	76	22
3.0	3	38	8			83	26
	6	57		14.0	14	83	26
3.5	4	43	10	16.0	16	89	32
	6	57		18.0	18	92	32
4.0	4	43	11	20.0	20	101	38
	6	57					

（2）镶焊式硬质合金立铣刀。

镶焊式硬质合金立铣刀分直刃和螺旋齿两种形式。

直刃立铣刀：镶焊式硬质合金斜齿立铣刀用于加工铸铁时，刀片材料选用 YG6 或 YG8；加工钢时选用 YT15，刀体材料一般为 9SiCr。根据直径大小，镶焊式直刃硬质合金立铣刀有直柄和锥柄两种结构，图 2-21 和 2-22 所示分别为直柄和锥柄立铣刀的结构。

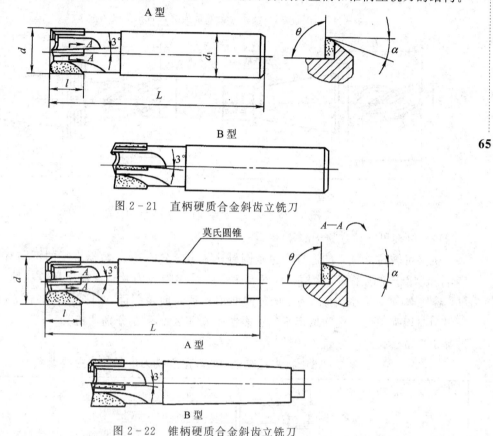

图 2-21　直柄硬质合金斜齿立铣刀

图 2-22　锥柄硬质合金斜齿立铣刀

螺旋齿立铣刀：焊接式硬质合金螺旋齿立铣刀适用于加工碳素结构钢和合金工具钢，结构有普通直柄和削平直柄、莫氏锥柄、7：24 锥柄等硬质合金螺旋齿立铣刀，如图 2-23～图 2-25 所示。

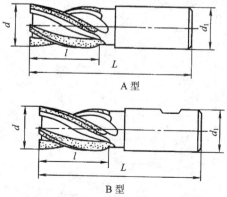

图 2-23　普通直柄和削平直柄的硬质合金螺旋齿立铣刀

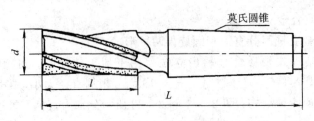

图 2-24 硬质合金螺旋齿莫氏锥柄立铣刀

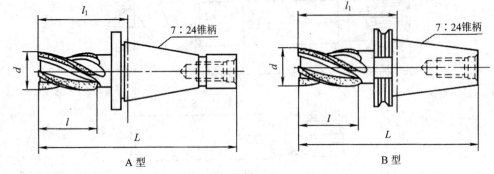

A 型　　　　　　　　　　　　　　B 型

图 2-25 硬质合金螺旋齿 7∶24 锥柄立铣刀

（3）机夹可转位立铣刀。

机夹可转位立铣刀的适宜直径范围可达 $\phi10\sim\phi50$ mm，根据直径的不同有 1～6 个刀齿，广泛用于铣削平面、沟槽、台肩等。一般采用带孔刀片，直接用螺钉压紧，其结构简单，容屑空间大。刀片前面为正的径向前角和轴向前角曲面，因而切削轻快，可在减少切削阻力与增强刃强度之间取得平衡。表 2-18 和表 2-19 分别为机夹可转位 90°直角立铣刀和机夹可转位球头立铣刀的结构及主要参数。

表 2-18　机夹可转位 90°直角立铣刀的结构、主要参数　　　　　mm

d	l	z	L_1	d_1	L
12	6	1	30	16	83
14					
16					92
20			40	20	104
25	15	2		25	121
32		3			133
40		4	40	32	152
50					165

表 2 – 19　机夹可转位球头立铣刀的结构、主要参数　　　　　mm

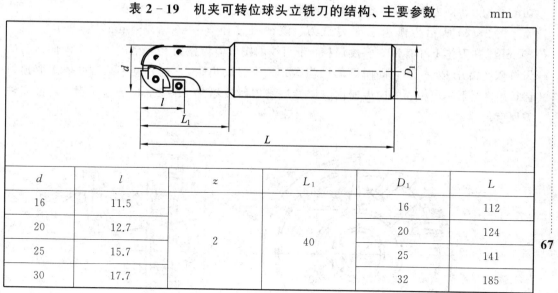

d	l	z	L_1	D_1	L
16	11.5			16	112
20	12.7			20	124
25	15.7	2	40	25	141
30	17.7			32	185

3）其他铣刀

（1）三面刃铣刀。

三面刃铣刀在刀体的圆周上及两侧环形端面上均有刀齿，所以称为三面刃铣刀，适用于加工凹槽和台阶面。其中，圆周切削刃为主切削刃，侧面刀刃是副切削刃，加工时侧面刀刃对侧面起修光作用，提高了切削效率，但重磨后宽度尺寸变化较大。三面刃铣刀可分为直齿、错齿和镶齿三面刃铣刀。

图 2 – 26 所示为直齿三面刃铣刀。按国家标准规定，直齿三面刃铣刀直径 $d = 50 \sim 200$ mm，厚度 $L = 4 \sim 40$ mm。它的主要特点是圆周齿前面与端齿前面是一个平面，可以一次铣成和刃磨，使工序简化；圆周齿和端齿均留有凸出刃带，便于刃磨，且重磨后能保证刃带宽度不变，但侧刃前角 $\gamma_o' = 0°$，切削条件差。

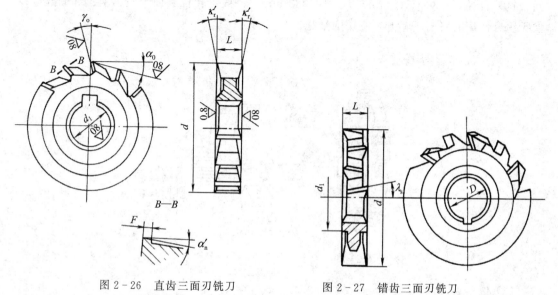

图 2 – 26　直齿三面刃铣刀　　　　　　　图 2 – 27　错齿三面刃铣刀

错齿三面刃铣刀（如图 2 – 27 所示）的 γ_o' 近似等于 λ_s。与直齿三面刃铣刀相比，它具有切削平稳、切削力小、排屑容易和容屑槽大等优点。

图 2-28 所示为镶齿三面刃铣刀，该铣刀直径 $d=80\sim315$ mm，厚度 $L=12\sim40$ mm，在刀体上开有带 5°斜度齿槽，带齿纹的楔形刀齿楔紧在齿槽内。各个同向齿槽的齿纹依次错开 P/Z（Z 为同向倾斜的齿数；P 为齿纹齿距）。铣刀磨损后，可依次取出刀齿，并移至下一个相邻同向齿槽内。调整后铣刀厚度增加 $2P/Z$，再通过重磨，可恢复铣刀厚度尺寸。

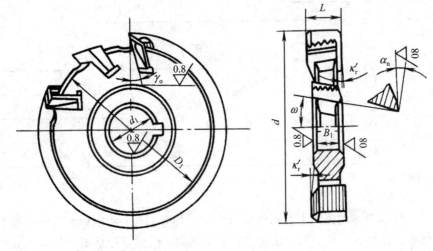

图 2-28　镶齿三面刃铣刀

硬质合金三面刃铣刀一般通过楔块螺钉或压孔式将刀片夹紧在刀体上，形成可转位三面刃铣刀（见图 2-29），其中，刀片的安装多数采用平装。该铣刀主要用于中等硬度、强度的金属材料的台阶面和槽形面的铣削加工，也可用于非金属材料的加工。可转位三面刃铣刀的前角一般取 $\gamma_p=+3°\sim+5°$、$\gamma_f=-2°\sim+7°$，副偏角取 $\kappa_r'=40'\sim1°$。常用可转位三面刃铣刀直径 $d=80\sim315$ mm，$L=10\sim32$ mm。一般可转位三面刃铣刀有两个键槽，以便于组合使用时将刀齿错开，使切削平稳。

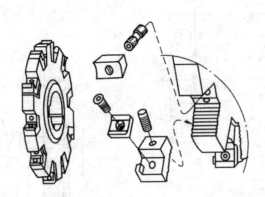

图 2-29　硬质合金可转位三面刃铣刀

（2）模具铣刀。

模具铣刀（见图 2-30）用于加工模具型腔或凸模成形表面，在模具制造中应用广泛。

它是由立铣刀演变而成的。高速钢模具铣刀主要分为圆锥形立铣刀（直径 $d = 6 \sim 20$ mm，半锥角 $\alpha/2 = 3°$、$5°$、$7°$ 和 $10°$）、圆柱形球头立铣刀（直径 $d = 4 \sim 63$ mm）和圆锥形球头立铣刀（直径 $d = 6 \sim 20$ mm，半锥角 $\alpha/2 = 3°$、$5°$、$7°$ 和 $10°$）。加工时按工件形状和尺寸来选择。

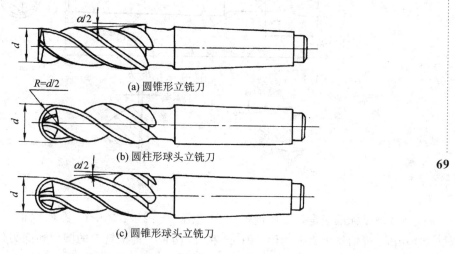

(a) 圆锥形立铣刀

(b) 圆柱形球头立铣刀

(c) 圆锥形球头立铣刀

图 2-30　高速钢模具铣刀

硬质合金球头铣刀可分为整体式和可转位式。整体式硬质合金球头铣刀直径 $d = 3 \sim 20$ mm，螺旋角 $\omega = 30°$ 或 $45°$，齿数 $z = 2 \sim 4$ 齿，适用于高速、大进给铣削。其加工表面粗糙度小，主要用于精铣。

可转位球头立铣刀（见图 2-31）前端装有一片或两片可转位刀片，它有两个圆弧切削刃，直径较大的可转位球头立铣刀除端刃外，在圆周上还装有长方形可转位刀片，以增大最大吃刀量。用这种球头铣刀进行坡铣时，向下倾斜角不宜大于 $30°$。该铣刀铣削表面粗糙度较大，主要用于高速粗铣和半精铣。

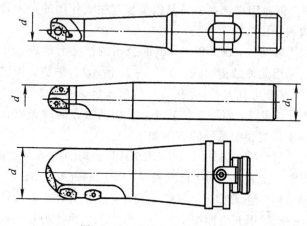

图 2-31　可转位球头立铣刀

（3）键槽铣刀。

键槽铣刀如图 2-32 所示，它有两个刀齿，圆柱面和端面都有切削刃，端面刃延至中心，既像立铣刀，又像钻头。加工时先轴向进给达到槽深，然后沿槽方向铣出键槽全长。主要用于加工圆头封闭键槽。

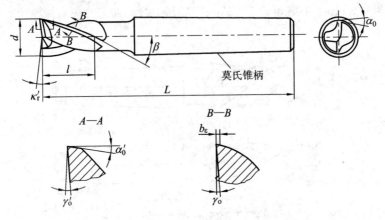

图 2-32 键槽铣刀

按国家标准规定，直柄键槽铣刀直径 $d = 2 \sim 22$ mm，锥柄键槽铣刀直径 $d = 14 \sim 50$ mm。键槽铣刀直径的偏差有 e8 和 d8 两种。键槽铣刀的圆周切削刃仅在靠近端面的一小段长度内发生磨损，重磨时，只需刃磨端面切削刃，因此重磨后铣刀直径不变。

3. 可转位铣刀的合理选用

目前可转位铣刀已广泛应用于各行业的高效、高精度铣削加工中，其种类已基本覆盖了现有的全部铣刀类型。由于可转位铣刀结构各异、规格繁多，选用时有一定难度，而可转位铣刀的正确选择和合理使用是充分发挥其效能的关键。下面就可转位铣刀的合理选用提供一些依据，供广大读者参考。

1) 可转位铣刀的结构

可转位铣刀一般由刀片、定位元件、夹紧元件和刀体组成。由于刀片在刀体上有多种定位与夹紧方式，刀片定位元件的结构又有不同类型，因此可转位铣刀的结构形式有多种，分类方法也较多。但对用户选择刀具结构类型起主要作用的是刀片排列方式，其排列方式可分为平装结构和立装结构两大类。

刀片径向排列的平装结构，国外以 Sandvik 公司的产品为代表，国内大多数刀具厂家生产的可转位铣刀均采用此种结构形式（如图 2-33 所示）。平装结构铣刀的刀体结构工艺性好，容易加工，并可采用无孔刀片（无孔刀片价格较低，可重磨）。这种结构由于需要夹紧元件，刀片的一部分被覆盖，容屑空间较小，且切削力方向的硬质合金截面较小，故平装结构的铣刀一般用于轻型和中量型的铣削加工。

刀片切向排列的立装结构，国外以 INGERSOLL 公司的产品为代表，国内哈尔滨第一工具厂、陕西航空硬质合金工具厂均生产此种结构形式的铣刀（如图 2-34 所示）。立装结构的刀片只用一个螺钉固定在刀槽上，其结构简单，转位方便，刀片装夹零件较少，但刀体的加工难度较大，一般需用五坐标加工中心进行加工。由于刀片切向安装，在切削力方向的硬质合金截面较大，因而可进行大切深、大走刀量切削，这种铣刀适用于重型和中量型的铣削加工，是数控龙门铣床、落地镗铣床、较大规格加工中心、专用铣削机床等重型、中型高效、高精度铣削加工的最佳选择。

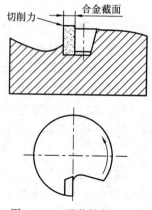

切削力　合金截面

图 2-33　平装结构

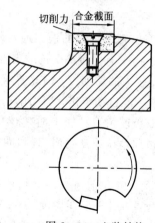

切削力　合金截面

图 2-34　立装结构

71

2）可转位铣刀的角度选择

可转位铣刀的角度有前角、后角、主偏角、副偏角、刃倾角等。为满足不同的加工需要，有多种角度组合形式。各种角度中最主要的是主偏角和前角（制造厂的产品样本中对刀具的主偏角和前角一般都有明确说明）。

（1）主偏角 κ_r。主偏角为切削刃与切削平面的夹角。可转位铣刀的主偏角有 90°、88°、75°、70°、60°、45°等几种。主偏角的大小对径向切削力、切削深度有着很大影响。径向切削力的大小直接影响切削功率和刀具的抗震性能。铣刀的主偏角越小，其径向切削力就越小，抗震性也越好，但切削深度也随之减小（如图 2-35 所示）。

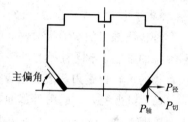

主偏角　$P_{径}$　$P_{轴}$　$P_{切}$

图 2-35　可转位铣刀主偏角

90°主偏角可转位铣刀在铣削带凸肩的平面时选用，一般不用于纯平面加工。该类刀具通用性好（既可加工台阶面，又可加工平面），在单件、小批量加工中选用。由于该类刀具的径向切削力等于切削力，且进给抗力大、易振动，因而要求机床具有较大功率和足够的刚性。在加工带凸肩的平面时，也可选用 88°主偏角的铣刀，较之 90°主偏角铣刀，其切削性能有一定改善。

60°～75°主偏角可转位铣刀适用于平面铣削的粗加工。由于径向切削力明显减小（特别是 60°时），其抗震性有较大改善，切削平稳、轻快，在平面加工中应优先选用。75°主偏角铣刀为通用型刀具，适用范围较广；60°主偏角铣刀主要用于镗铣床、加工中心上的粗铣和半精铣加工。

45°主偏角可转位铣刀的径向切削力大幅度减小，约等于轴向切削力，切削载荷分布在较长的切削刃上，具有很好的抗震性，适用于镗铣床主轴悬伸较长的加工场合。用该类刀具加工平面时，刀片破损率低、耐用度高；在加工铸铁件时，工件边缘不易产生崩刃。

（2）前角 γ。铣刀的前角可分解为径向前角 γ_f 和轴向前角 γ_p，径向前角 γ_f 主要影响切削功率；轴向前角 γ_p 则影响切屑的形成和轴向力的方向。径向前角 γ_f 和轴向前角 γ_p 正负的判别如图 2-36 所示。

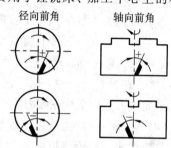

径向前角　轴向前角

图 2-36　径向前角 γ_f 和轴向前角 γ_p
正负的判别

常用的前角组合形式如下：

① 双负前角。双负前角的铣刀通常均采用方形（或长方形）无后角的刀片，刀具切削刃多（一般为 8 个），且强度高、抗冲击性好，适用于铸钢、铸铁件的粗加工。由于其切屑收缩比大，需要较大的切削力，因此要求机床具有较大功率和较高刚性。该铣刀的轴向前角为负值，切屑不能自动流出，当切削韧性材料时易出现积屑瘤和刀具振动。

凡能采用双负前角刀具加工时建议优先选用双负前角铣刀，以便充分利用和节省刀片。当采用双正前角铣刀产生崩刃（即冲击载荷大）时，在机床允许的条件下亦应优先选用双负前角铣刀。

② 双正前角。双正前角铣刀采用有后角的刀片，这种铣刀楔角小，具有锋利的切削刃。由于切屑收缩比小，所耗切削功率较小，切屑成螺旋状排出，不易形成积屑瘤。这种铣刀最适宜用于软材料和不锈钢、耐热钢等材料的切削加工。对于刚性差（如主轴悬伸较长的镗铣床）、功率小的机床和加工焊接结构件时，也应优先选用双正前角铣刀。

③ 正负前角（轴向正前角、径向负前角）。这种铣刀综合了双正前角和双负前角铣刀的优点，轴向正前角有利于切屑的形成和排出，径向负前角可提高刀刃强度，改善抗冲击性能。此种铣刀切削平稳、排屑顺利、金属切除率高，适用于大余量铣削加工。

3）可转位铣刀的齿数（齿距）

可转位铣刀的铣刀齿数多，可提高生产效率，但受容屑空间、刀齿强度、机床功率及刚性等的限制，不同直径的可转位铣刀的齿数均有相应规定。为满足不同用户的需要，同一直径的可转位铣刀一般有粗齿、中齿、密齿三种类型。

（1）粗齿铣刀。适用于普通机床的大余量粗加工和软材料或切削宽度较大的铣削加工；当机床功率较小时，为使切削稳定，也常选用粗齿铣刀。

（2）中齿铣刀。系通用系列，使用范围广泛，具有较高的金属切除率和切削稳定性。

（3）密齿铣刀。主要用于铸铁、铝合金和有色金属的大进给速度切削加工。在专业化生产（如流水线加工）中，为充分利用设备功率和满足生产节奏要求，也常选用密齿铣刀（此时多为专用非标铣刀）。

（4）不等分齿距铣刀。不等分齿距铣刀可防止工艺系统出现共振，使切削平稳。如英格索尔公司的 MAX‑I 系列、瓦尔特公司的 NOVEX 系列铣刀均采用了不等分齿距技术。在铸钢、铸铁件的大余量粗加工中建议优先选用不等分齿距的铣刀。

4）可转位铣刀的直径

可转位铣刀直径的选用主要取决于设备的规格和工件的加工尺寸。

（1）平面铣刀。选择平面铣刀直径时主要需考虑刀具所需功率应在机床功率范围之内，也可将机床主轴直径作为选取的依据。平面铣刀直径可按 $D=1.5d$（d 为机床主轴直径）选取。在批量生产时，也可按工件切削宽度的 1.2～1.5 倍选择刀具直径。

平面铣刀直径系列标准为：50、63、80、100、125、160、200、250、315、400、500、630。

（2）立铣刀。立铣刀直径的选择主要应考虑工件加工尺寸的要求，并保证刀具所需功率在机床额定功率范围以内。如小直径立铣刀，则应主要考虑机床的最高转数能否达到刀具的最低切削速度（60 m/min）。

（3）槽铣刀。槽铣刀的直径和宽度应根据加工工件尺寸选择，并保证其切削功率在机床允许的功率范围之内。

2.2.3 数控加工中孔的加工刀具

1. 孔的钻削加工刀具

钻削刀具按功能不同可分为多种类型，一般常用的有麻花钻、中心钻、定点钻、扩孔钻、可转位刀片快速钻、深孔钻，还有根据各种不同的要求制作的特殊用途的钻削刀具等。

1) 麻花钻

麻花钻为钻削加工时最常见的刀具，用于孔的粗加工，其常用的规格为 $\phi 0.1 \sim \phi 80$。麻花钻按柄部形状可分为直柄麻花钻和锥柄麻花钻；按制造材料分为高速钢麻花钻和硬质合金麻花钻。硬质合金麻花钻一般制成镶片焊接式，直径 5 mm 以下的硬质合金麻花钻通常制成整体式。

标准锥柄高速钢麻花钻由以下三部分组成(见图 2 - 37(a))：

(1) 工作部分。工作部分又分为切削部分与导向部分。切削部分担负着主要的切削工作；导向部分的作用是当切削部分切入工件孔后起导向作用，也是切削部分的备磨部分。为了提高钻头的刚性与强度，其工作部分的钻心直径 d_c 向柄部方向递增，每 100 mm 长度

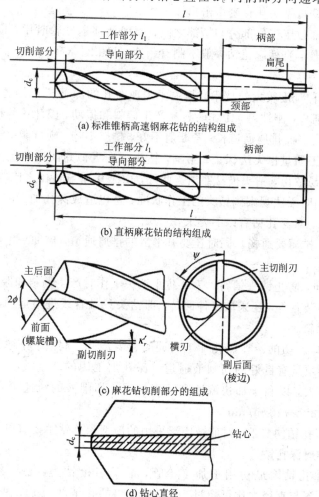

(a) 标准锥柄高速钢麻花钻的结构组成

(b) 直柄麻花钻的结构组成

(c) 麻花钻切削部分的组成

(d) 钻心直径

图 2 - 37　高速钢麻花钻

上钻心直径的递增量为 1.4～2 mm(见图 2-37(d))。

麻花钻的切削部分由前面、主后面、副后面(临近主切削刃的棱带)、主切削刃、副切削刃各两个及一个横刃组成(见图 2-37(c))。

前刀面：毗邻切削刃，是起排屑和容屑作用的螺旋槽表面。

后刀面：位于工作部分前端，与工件加工表面(即孔底的锥面)相对的表面，其形状由刃磨方法决定，在麻花钻上一般为螺旋圆锥面。

主切削刃：前刀面与后刀面的交线。由于麻花钻前刀面与后刀面各有两个，所以主切削刃也有两条。

横刃：两个后刀面相交所形成的刀刃。它位于切削部分的最前端，切削被加工孔的中心部分。

副切削刃：麻花钻前端外圆棱边与螺旋槽的交线。

刀尖：两条主切削刃与副切削刃相交的交点。

(2) 柄部。钻头的夹持部分，并用来传递扭矩。柄部分直柄与锥柄两种，小直径钻头用圆柱柄，直径在 12 mm 以上的钻头均做成莫氏锥柄。锥柄端部制出扁尾，插到钻套中的腰形孔中，可用楔铁将钻头从钻套中击出。

(3) 颈部。颈部位于工作部分与柄部之间，磨削柄部退砂轮时用，也是钻头打标记的地方。为了制造方便，直柄麻花钻一般不制有颈部(见图 2-37(b))。

2) 深孔钻

深孔加工是一种难度较大的技术，其主要表现在孔的深度与直径之比较大(一般大于等于 10)，且钻杆细长，刚性差，工作时容易产生偏斜和振动，因此孔的精度及表面质量难于控制；其次，切屑多而排屑通道长，若断屑不好，排屑不畅，则可能由于切屑堵塞而导致钻头损坏，孔的加工质量也无法保证；第三，钻头是在近似封闭的状况下工作，而且时间较长，热量大又不易散出，钻头极易磨损。此外，由于孔深与直径之比较大(甚至可达 100 及 100 以上)，钻削时无法观察到钻头的工作状况，这也造成深孔加工的困难。

根据上述特点，对深孔钻有以下要求：

① 断屑要好，排屑要通畅。同时还要有平滑的排屑通道，借助一定压力切削液的作用促使切屑强制排出。

② 良好的导向，防止钻头偏斜。为了防止钻头工作时产生偏斜和振动，除了钻头本身需要有良好的导向装置外，还采取工件回转，即钻头只做直线进给运动的工艺方法，来减少钻孔时钻头的偏斜。

③ 充分的冷却。切削液在深孔加工时同时起着冷却、润滑、排屑、减振与消声等作用，因此深孔钻必须具有良好的切削液通道。深孔加工用的切削液必须具有较好的流动性，其黏度不宜过大，以利于加快流速和冲刷切屑。切削液的流速不宜小于切削速度的 5～8 倍，一般为 480～720 m/min。

按照上述对深孔钻的要求，目前被广泛采用的新型深孔钻主要有以下几种。

(1) 单刃外排屑深孔钻。

单刃外排屑深孔钻因最初用于加工枪管，故又名枪钻，主要用来加工直径为 3～20 mm 的小孔，孔深与直径之比可超过 100。加工出的孔精度为 IT8～IT10，加工表面粗糙度 Ra 达 3.2～0.8 μm，孔的直线性也比较好。

如图 2 - 38 所示，枪钻工作时，切削液以高压(约 3.4～9.8 MPa)从钻杆和切削部分的进油孔送入切削区以冷却、润滑钻头，并把切屑经钻杆与切削部分的 V 形槽冲刷出来，即切削液由钻杆中注入，切屑由钻杆外冲出，故称外排屑。

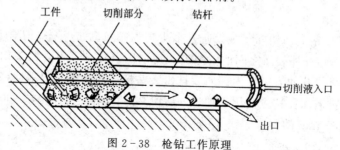

图 2 - 38　枪钻工作原理

切削部分和钻杆二者一般是焊接起来的，钻杆通常是用无缝钢管轧出 V 形排屑沟槽。在保证钻杆足够强度和刚度的条件下，钻杆内径应尽可能取大些，以利于切削部分的冷却、润滑及排屑通畅。为避免钻杆与孔壁或钻套摩擦，钻杆外径应略小于钻头外径 0.5～1 mm。切削部分可用高速钢或硬质合金制成。

枪钻切削部分最大的特点是没有横刃，仅在轴线一侧有切削刃。切削刃又分为内、外刃，其主偏角为 κ_{r1}、κ_{r2}(见图 2 - 39 所示)，钻尖偏离轴心线距离为 e。在加工过程中作用在外刃的径向力大于作用在内刃的径向力，使钻头在钻削过程中径向合力能始终作用于待加工表面，同时保证钻头紧贴向支承面较大的一面，以保证加工孔的直线性(如图 2 - 40 所示)。

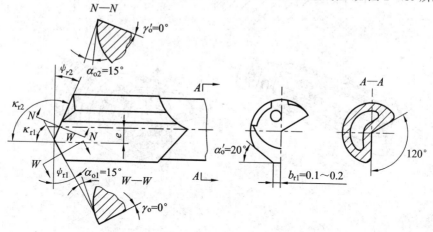

图 2 - 39　单刃外排屑深孔钻

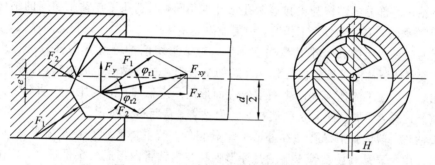

图 2 - 40　枪钻受力分析与切削导向心柱

（2）内排屑深孔钻。

内排屑深孔钻是指工作中切屑是从钻杆内部排出而不与工件已加工表面接触，可获得较好的加工表面质量，图 2-41 所示为 BTA（Boring Trepanning Association）深孔钻工作原理和结构简图。

BTA 深孔钻由钻头和钻杆组成，通过多头矩形螺纹联成一体，切削液在较高的压力下，由工件孔壁与钻杆外表面之间的空隙进入切削区以冷却、润滑钻头切削部分，并将切屑经钻头前端的排屑孔冲入钻杆内部向后排出。钻杆截面为管状，刚性好，因而切削效率高于外排屑。内排屑深孔钻主要用于加工 $d = 18 \sim 185$ mm、长径比在 100 以内的深孔，通常直径为 18.5～65 mm 的制成焊接式（如图 2-41(b)所示），而直径大于 65 mm 的制成可转位式（如图 2-41(c)所示）。

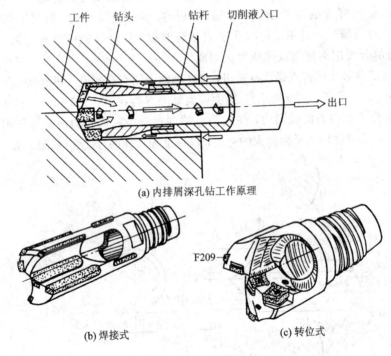

(a) 内排屑深孔钻工作原理

(b) 焊接式　　　　(c) 转位式

图 2-41　BTA 深孔钻

（3）喷吸钻。

喷吸钻钻头部分的结构与内排屑深孔钻基本相同，区别在于与钻头相连的钻杆采用的是双层管（如图 2-42 所示）。工作时，切削液以一定压力经内、外钻管之间输入，其中 2/3 的切削液通过钻头上的几个小孔流向切削区，对钻头切削部分及导向部分进行冷却与润滑，然后带着切屑从内管排出。另外 1/3 的切削液则通过内钻管上的喷嘴（月牙形小槽）向后喷入内钻管，由于流速增大产生喷射效应而形成一个低压区，低压区一直延伸到钻头的排屑通道。这样，切屑便随着切削液被吸入内钻管，从而迅速排出。

喷吸钻与一般内排屑深孔钻在外形上十分相似，其主要区别是在于喷吸钻有内钻管。内钻管的作用主要是利用钻管末端的月牙形喷嘴在内钻管内形成一个低压区，产生喷吸效应，从而促进切屑顺利排出。

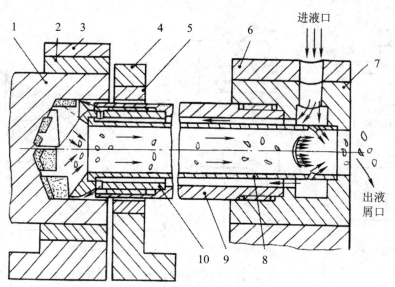

1—工件；2—夹爪；3—中心架；4—引导架；5—导向管；
6—支持座；7—连接套；8—内管；9—外管；10—钻头

图 2-42　喷吸钻

2. 孔的精加工刀具

对精度和表面质量要求较高的孔加工，需要相应的孔加工工艺和切削加工刀具来完成。常用的切削加工精密孔的方法有：镗削、扩孔、铰孔，其中镗削适宜于孔的精加工，而专门设计的粗镗刀又可用于以提高加工效率为目标的粗加工。

1）镗刀

镗刀主要用于加工已经过预加工、铸造、锻造、挤压以及气割的孔，以满足孔径精度达到 IT6～IT7、孔距误差不超过 0.015 mm、表面粗糙度 Ra 达 1.6～0.8 μm 的高表面质量要求。镗刀的类型按切削刃数量可分为单刃镗刀、双刃镗刀和多刃镗刀；按刀具结构可分为整体式、装配式和可调式。

（1）单刃镗刀。普通单刃镗刀只有一条主切削刃在单方向参加切削，其结构简单、制造方便、通用性强，但刚性差、镗孔尺寸调节不方便、生产效率低、对工人操作技术要求高。图 2-43 所示为不同结构的单刃镗刀。加工小直径孔的镗刀通常做成整体式，加工大直径孔的镗刀可做成机夹式或机夹可转位式。

为了使镗刀头在镗杆内有较大的安装长度，并具有足够的位置压紧螺钉和调节螺钉，在镗盲孔或阶梯孔时，镗刀头在镗杆上的安装倾斜角 δ 一般取 10°～45°，镗通孔时取 $\delta=$ 0°。通常压紧螺钉从镗杆端面或顶面来压紧镗刀头。新型的微调镗刀调节方便，调节精度高，适合在坐标镗床、自动线和数控机床上使用。

镗刀的刚性差，切削时易引起振动，所以镗刀的主偏角选得较大，以减小径向力 F_p。镗铸件孔或精镗时，一般取 $\kappa_r=90°$；粗镗钢件孔时，取 $\kappa_r=60°～75°$，以提高刀具的耐用度。为避免工件材质不均等原因造成扎刀现象以及使刀头底面有足够的支承面积，往往需要使镗刀刀尖高于工件中心 Δh 值，一般取 $\Delta h=1/20D$（工件孔径）或更大些，使切削时镗

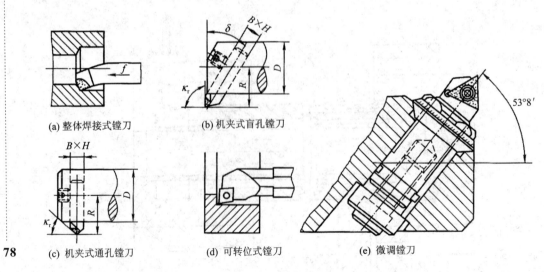

(a) 整体焊接式镗刀   (b) 机夹式盲孔镗刀

(c) 机夹式通孔镗刀   (d) 可转位式镗刀   (e) 微调镗刀

图 2-43 单刃镗刀

刀的工作前角减小，工作后角增大，所以在选择镗刀头的前、后角时要相应地增大前角，减小后角。

(2) 双刃镗刀。双刃镗刀是定尺寸的镗孔刀具，通过改变两刃之间的距离，以实现对不同直径孔的加工。常用的双刃镗刀有固定式镗刀、可调式双刃镗刀和浮动镗刀三种。

固定式镗刀：如图 2-44 所示，工作时，镗刀块可通过斜楔或在两个方向上倾斜的螺钉夹紧在镗杆上。安装时，镗刀块对轴线的不垂直、不平行与不对称度，都会造成孔径误差。所以对镗刀块与镗杆上方孔的配合要求很高，刀块安装方孔对轴线的垂直度与对称度误差不大于 0.01 mm。镗刀块两个切削刃可制成焊接式或可转位式，切削时背向力互相抵消，不易引起振动。镗刀块的刚性好、容屑空间大、切削效率高，可适用于粗镗、半精镗直径 $d > 40$ mm 的孔。

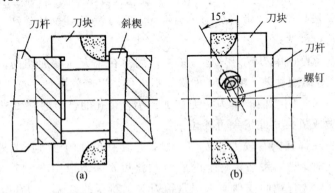

图 2-44 固定式镗刀

可调式双刃镗刀：图 2-45 所示为可调式双刃镗刀。镗刀头 3 凸肩置于刀体 4 的凹槽中，用螺钉 1 将它压紧在刀体上。调整尺寸时，稍微松开螺钉 1，拧动调整螺钉 5，推动镗刀头上的销子 6，使镗刀头 3 沿槽移动来调整尺寸。其镗孔范围为 $\phi 30 \sim \phi 250$ mm，目前广泛用于数控机床。

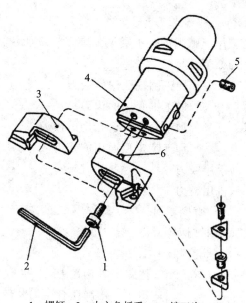

1—螺钉；2—内六角扳手；3—镗刀头；
4—刀体；5—调整螺钉；6—销子

图 2-45　可调式双刃镗刀

浮动镗刀：图 2-46 所示为可调式硬质合金浮动镗刀。调节尺寸时，稍微松开紧固螺钉 2，转动调节螺钉 3 推动刀体，可使直径增大。浮动镗刀直径为 20～330 mm，其调节量为 2～30 mm。铰孔时，将浮动镗刀装入镗杆的方孔中，无需夹紧，通过作用在两侧切削刃上的切削力来自动定心，因此它能自动补偿由于刀具安装误差和机床主轴偏差而造成的加工误差，能达到加工精度 IT7～IT6，表面粗糙度 Ra1.6～0.2μm。

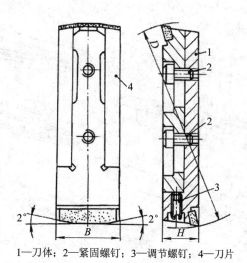

1—刀体；2—紧固螺钉；3—调节螺钉；4—刀片

图 2-46　可调节式硬质合金浮动镗刀

2）铰刀

铰刀是对中小直径孔进行半精加工和精加工的刀具，其刀具齿数多、槽底直径大、导向性及刚性好，铰孔加工精度可达 IT7～IT6 级，甚至 IT5 级。表面粗糙度可达 Ra1.6～0.4 μm，所以得到了广泛应用。铰刀的基本类型如图 2-47 所示。铰刀的种类较多，按不同的分类方式，铰刀可分为如下几种。

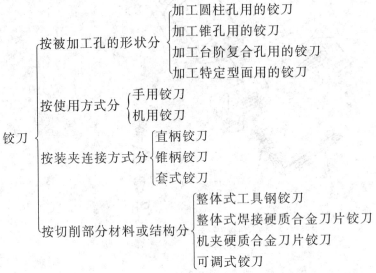

其中，各种分类又是互相交叉的，如图 2-47(b)所示的铰刀，按装夹连接方式为锥柄铰刀，按使用方式为机用铰刀。

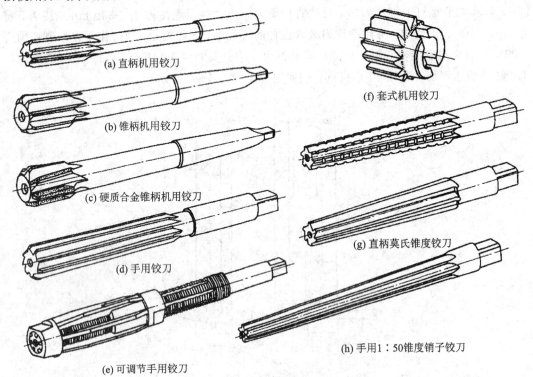

(a) 直柄机用铰刀

(b) 锥柄机用铰刀

(c) 硬质合金锥柄机用铰刀

(d) 手用铰刀

(e) 可调节手用铰刀

(f) 套式机用铰刀

(g) 直柄莫氏锥度铰刀

(h) 手用1：50锥度销子铰刀

图 2-47　铰刀的基本类型

（1）高速钢铰刀。

图 2-48 所示为铰刀的典型结构，它由刀体、颈部和刀柄组成。刀体又可分为切削部

分和校准部分。在刀体最前端，有导锥，导锥顶角 $2\phi = 90°$，即图中 $C(0.5 \sim 2.5\ mm) \times 45°$，其功能是便于将铰刀引入孔中和保护切削刃。切削部分为主偏角 κ_r 所形成的锥体，起主要的切削作用，主偏角 κ_r 的大小影响导向、切削厚度和径向与轴向切削力的大小。κ_r 越小，轴向力越小、导向性越好，但切削厚度越小、径向力越大、切削锥部越长。一般手用铰刀 $\kappa_r = 0°30' \sim 1°30'$；机用铰刀加工钢等韧性材料时 $\kappa_r = 12° \sim 15°$，加工铸铁等脆性材料时 $\kappa_r = 3° \sim 5°$；而加工不通孔用铰刀时，为减少孔底圆锥部长，取 $\kappa_r = 45°$。

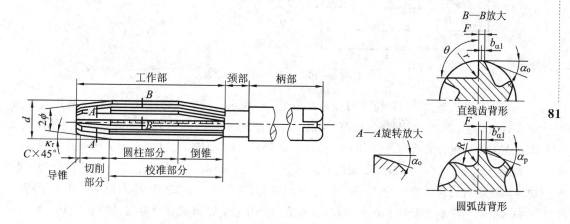

图 2-48　铰刀的结构组成和几何参数

校准部分的功用是校准、导向、熨压和刮光。为此，校准部分后面留有 $b_{\alpha1} = 0.2 \sim 0.4\ mm$ 的刃带，同时也为保证了铰刀直径尺寸精度及各齿较小的径向圆跳动误差。为减轻校准部分与孔壁的摩擦和孔径扩大，将校准部分的一段或全部制成倒锥形，其倒锥量为 $(0.005 \sim 0.006)/100$。

由于铰孔余量很小，切屑很薄，前角作用不大，一般多取 $\gamma_o = 0°$。加工韧性高的金属时，为减小切屑变形也可取 $\gamma_o = 5° \sim 10°$。铰刀的后角一般取 $\alpha_o = 6° \sim 8°$。从切削厚度来看，好像后角应取得再大些，但是当后角取大时，切削部分与校准部分交接处(刀尖)的强度、散热条件变差。初期使用时铰孔质量好，但刀尖很快钝化，加工质量反而降低，同时也使重磨量加大，故后角取较小值，且取较小值时有利于增加阻尼，避免振动。

(2) 硬质合金铰刀。

采用硬质合金铰刀可提高切削速度、生产率和刀具寿命，特别是加工淬火钢、高强度钢及耐热钢等难加工材料时，其效果更显著。

无刃硬质合金铰刀：无刃硬质合金铰刀实际不是切削刀具，它采用冷挤压的方式工作，以减小工件孔的表面粗糙度值和提高孔壁硬度，从而使孔有较好的耐磨性，这种铰刀只适用于铰削铸铁件。图 2-49 所示为无刃硬质合金铰刀，一般取 $\gamma_o = 60°$，$\alpha_o = 4° \sim 6°$，刃带 $b_{\alpha1} = 0.25 \sim 0.5\ mm$。由于铰削是挤压过程，故余量很小，$\alpha_p = 0.03 \sim 0.05\ mm$。铰孔前，孔的公差等级要达到 IT7，表面粗糙度值也应达 Ra3.2 μm。铰后可获得 Ra0.63 $\sim$ 1.25 μm 的表面粗糙度值。铰孔完毕应使刀具反转退出，以免划伤工件表面。铰刀的制造精度要求很高，柄部与工作部分外圆同轴度误差应小于 0.01 mm，挤压刃处表面粗糙度值应达 Ra0.1 μm。锥面与校准部分要用油石背光，且注意保养，刃口不能起毛。

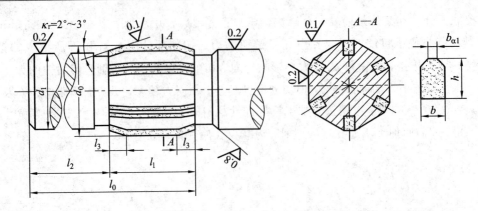

图 2-49 无刃硬质合金铰刀

可转位单刃铰刀：可转位单刃铰刀如图 2-50 所示，刀片 3 通过双头螺栓 1 和压板 4 固定在刀体 5 上，用两只调节螺钉 6 和顶销 7 调节铰刀的尺寸，8 为刀片轴向限位销，导向块 2 焊接在刀体槽内。刀具切削部分为两段，主偏角 $\kappa_r=15°\sim45°$，刃长为 $1\sim2$ mm 的切削刃切去大部分余量。$\kappa_r=3°$ 的斜刃及圆柱校准部分作精铰。导向块起导向、支承和挤压作用。两块导向块相对刀齿位置角为：84°、180°；三块时为：84°、180°、276°。导向块尖端相对于切削刃尖端沿轴向滞后 $0.3\sim0.6$ mm，以保证有充分挤压量，导向块直径应与铰刀直径有一差值。可转位单刃铰刀不但可调整直径尺寸，也可调整其锥度。刀片可转位一次，刀体可重复使用。它不仅能获得高的加工精度、小的表面粗糙度值，更主要的是能消除孔的多边形，提高孔的质量。铰孔的圆度为 $0.003\sim0.008$ mm，圆柱度为 0.005 mm/100 mm。

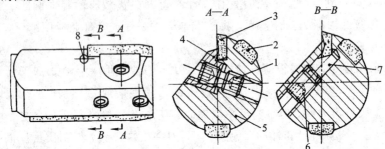

1—双头螺栓；2—导向块；3—刀片；4—压板；5—刀体；6—调节螺钉；7—顶销；8—限位销

图 2-50 可转位单刃铰刀

2.3 数控工具系统

2.3.1 数控工具系统的概念

1. 数控工具系统的概念

工具系统是针对数控机床要求与之配套的刀具高速快换和高效切削而发展起来的，它是刀具与机床的接口。它除了刀具本身外，还包括实现刀具快换所必需的定位、夹紧、抓拿及刀具保护等机构。数控机床工具系统除具备普通工具的特性外，主要有以下要求：

（1）较高的换刀精度和定位精度。

（2）为提高生产率，需要使用高的切削速度，因此刀具耐用度要求较高。

（3）数控加工时常常需要大进给量、高速强力切削，要求工具系统具有高刚性。

（4）工具系统的装卸、调整要方便。

（5）标准化、系列化和通用化，此"三化"便于刀具在转塔及刀库上的安装，简化机械手的结构和动作，还能降低刀具制造成本，减少刀具数量，扩展刀具的适用范围，有利于数控编程和工具管理。

数控工具系统按使用的范围可分为镗铣类数控工具系统和车削类数控工具系统；按系统的结构特点可分为整体式工具系统和模块式工具系统。其中，模块式工具系统又可根据其模块连接结构的不同分为各种不同模块式工具系统。

由于各种工具系统应用的目的基本相同，因此，各种工具系统的组成部分也大同小异。在本节中，关于数控工具系统的组成部分将侧重镗铣类数控机床工具系统作详细介绍，而车削类数控机床工具系统由于结构相对简单只作简要说明。

2. 机床与工具系统的接口

数控机床与工具系统连接部分的结构简称为机床与工具系统的接口（如图 2 - 51 所示），除工具系统与机床主轴接口外，还有刀具与工具系统的连接接口。加工中心和数控镗铣床与工具系统最主要的接口是 7∶24 锥度接口。由于历史的原因，各国在最初设计 7∶24 圆锥柄时，在锥柄尾部的拉钉和锥柄前端凸缘结构（包括机械手夹持槽、键槽和方向识别槽）的选择上各不相同，并且形成了各自的标准。虽然现在已经有了相应的国际标准，但是，某些国家标准仍然应用得相当普遍，如日本标准（MAS403 - 1982 和 JISB6339 - 1998）、德国标准（DIN69871 - 1995）、美国标准（ASMEB5.50 - 1995）等。

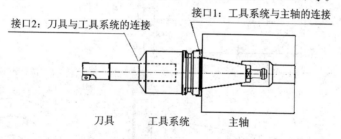

图 2 - 51　工具系统与机床主轴及刀具的接口

车削中心和数控车床与工具系统的接口应用最普遍的是德国标准（DIN698801986 - 2000 系列标准）。进入 20 世纪 80 年代，国际上出现了几种很有影响的接口，如瑞典山特维克（Sandvik）公司的 BTS 工具系统的接口、美国肯纳（Kennametal）公司的 KM 工具系统的接口等。

2.3.2　镗铣类数控机床工具系统的接口及其标准

目前在镗铣类数控机床中，工具系统的接口标准大致可以分成两类：其一是 7∶24 大锥度、长锥柄结构，该结构可保持刀体的良好强度以及较高的动态径向刚度，在原有锥柄结构基础上进行改进，例如 BT 刀柄、BIG - PLUS 刀柄等；其二是通过改变锥柄锥度的结构设计，典型的结构是采用了 1∶10 锥度和 1∶20 锥度的锥柄结构设计，如 HSK 刀柄、

KM 刀柄等。

1. 7：24 锥度的通用刀柄标准和规格

7：24 锥度的通用刀柄通常有五种标准和规格，即 NT（传统型）、DIN 69871（德国标准）、ISO 7388/1（国际标准）、MAS BT（日本标准）以及 ANSI/ASME（美国标准）。NT 型刀柄的德国标准为 DIN 2080，是在传统型机床上通过拉杆将刀柄拉紧，国内也称为 ST；其他四种刀柄均是在加工中心上通过刀柄尾部的拉钉将刀柄拉紧。

目前国内使用最多的是 DIN 69871 型（即 JT）和 MAS BT 型两种刀柄。DIN 69871 型的刀柄可以安装在 DIN 69871 型和 ANSI/ASME 主轴锥孔的机床上，ISO 7388/1 型的刀柄可以安装在 DIN 69871 型、ISO 7388/1 和 ANSI/ASME 主轴锥孔的机床上，所以就通用性而言，ISO 7388/1 型的刀柄是最好的。

（1）DIN 2080 型（简称 NT 或 ST）是德国标准，即国际标准 ISO 2583，是通常所说的 ST 型刀柄，它不能用机械手装刀，而只能用手动装刀，表 2-20 所示为 ST 锥柄的标准形式。

表 2-20 ST 锥柄的标准形式

型号	DIN2080
ST40	
ST50	

（2）国际标准、德国标准、中国标准锥柄。

国际标准锥柄 ISO 7388/1 型（简称 JT），其刀柄安装尺寸与德国标准锥柄 DIN 69871 型没有区别，只是 ISO 7388/1 型刀柄的 D4 值小于 DIN 69871 型刀柄的 D4 值，所以将 ISO 7388/1 型刀柄安装在 DIN 69871 型锥孔的机床上是没有问题的，但将 DIN 69871 型刀柄安装在 ISO 7388/1 型机床上则有可能会发生干涉。我国自动换刀机床采用 7∶24 圆锥工具柄部国家标准(GB/T10944.1 — 2006)规定的 40、45 和 50 号刀柄，其在形式、尺寸上与国际标准 ISO 7388/1 完全相同，详见表 2 - 21。

表 2 - 21　JT 锥柄的标准形式

型号	国际标准 ISO 7388/1 - A、德国标准 DIN 69871 - A、中国标准 GB/T 10944.1 — 2006
JT40	
JT45	
JT50	

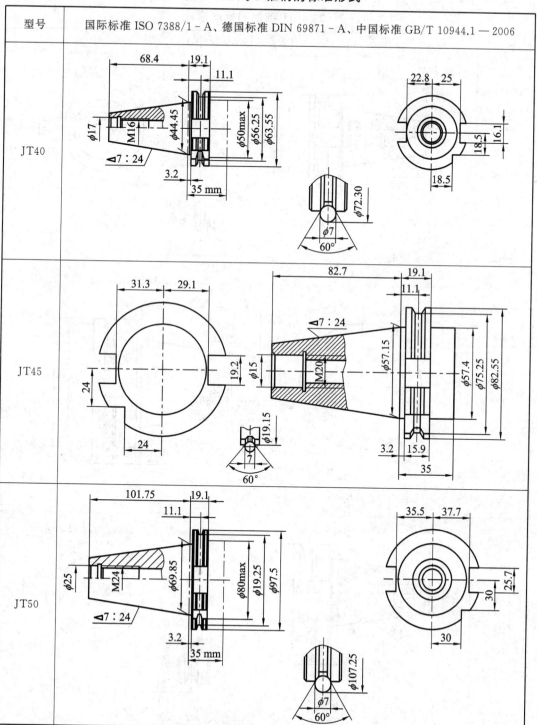

（3）日本标准锥柄。

MAS BT 型（简称 BT）是日本标准，安装尺寸与 DIN 69871、ISO 7388/1 及 ANSI 完全不同，不能换用。但相比来说，BT 型刀柄的对称性结构使它比其他三种刀柄的高速稳定性要好一些。表 2 - 22 所示为 BT 锥柄的标准形式。

表 2 - 22　BT 锥柄的标准形式

型号	日本标准 MAS 403 BT
BT40	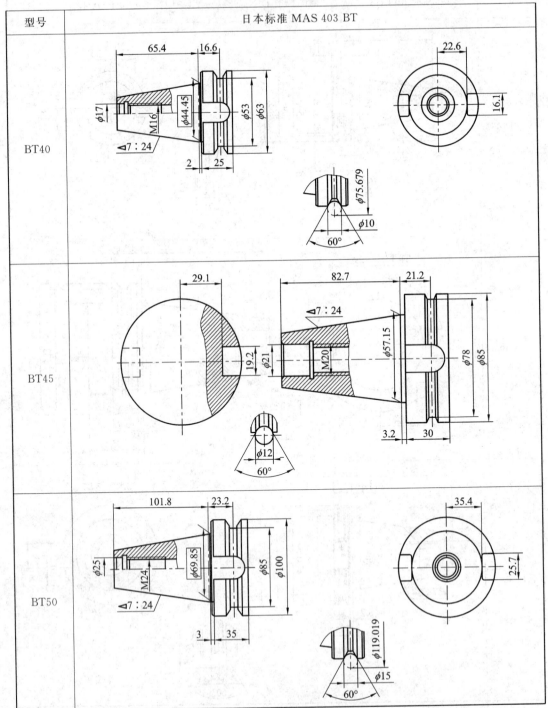
BT45	
BT50	

（4）美国标准锥柄。

美国标准锥柄 ANSI B5.50 型（简称 CAT），其安装尺寸与 DIN 69871、ISO 7388/1 类似，但由于少一个楔缺口（机械手夹持槽），所以 ANSI B5.50 型刀柄不能安装在 DIN 69871 和 ISO 7388/1 机床上，但 DIN 69871 和 ISO 7388/1 刀柄可以安装在 ANSI B5.50 型机床上。表 2-23 所示为 CAT 锥柄的标准形式。

表 2-23　CAT 锥柄的标准形式

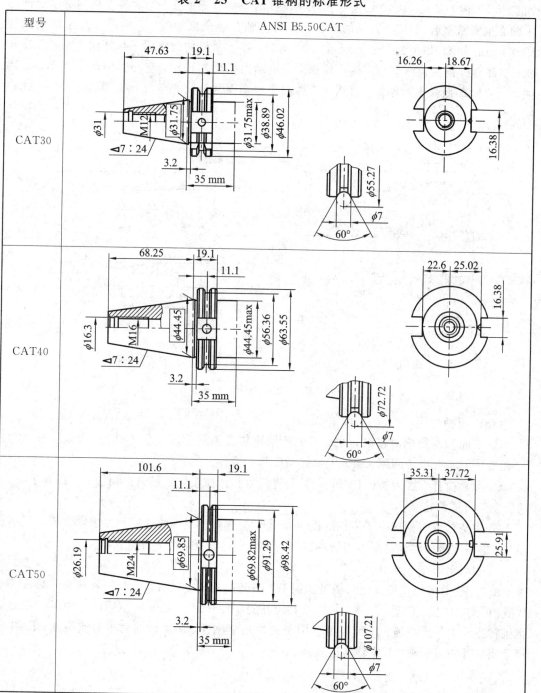

型号	ANSI B5.50CAT
CAT30	
CAT40	
CAT50	

2. 锥度为 1：10 的 HSK 刀柄

1）HSK 刀柄配合原理

7：24 的刀柄是靠刀柄的 7：24 锥面与机床主轴孔的 7：24 锥面接触定位连接的，在高速加工、连接刚性和重合精度三方面有局限性。

为适应高速加工，出现了锥度为 1：10 的 HSK 真空刀柄。HSK 真空刀柄靠刀柄的弹性变形，不但刀柄的 1：10 锥面与机床主轴孔的 1：10 锥面接触，而且刀柄的法兰盘面与主轴面也紧密接触。HSK 刀柄的空心锥柄与主轴孔完全接触时，刀柄端面与主轴端面有约 0.1 mm 间隙（如图 2-52(a)所示）。夹紧时，在夹紧机构的作用下拉杆向左移动，涨套胀开，涨套外锥面顶在空心锥柄内锥面上，拉动刀柄向左移动，空心锥柄产生变形，刀柄端面与主轴端面靠紧，实现了刀柄与主轴锥面和端面两面同时定位和夹紧（如图 2-52(b)所示）。

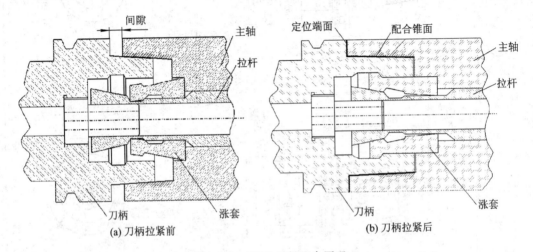

（a）刀柄拉紧前   （b）刀柄拉紧后

图 2-52　HSK 刀柄配合原理

HSK 刀柄的优点是：

① 锥面和端面同时接触定位，刀柄薄壁锥体会随高速时主轴锥孔的"胀大"而"胀大"，两者中间不会出现间隙，保证了轴向精度和刚度；

② 刀具拉杆爪在刀柄内打开，夹紧力将随着机床主轴转速的升高而加大，提高了装夹的安全与可靠性；

③ 中空短锥刀柄减少了刀柄的重量和惯量，有利于主轴的速度和加速度性能的提高。但是，这些改进同时也提高了刀柄的制造精度要求，从而提高了刀柄成本。

2）刀柄的标准和规格

锥度 1：10 的 HSK 真空刀柄是德国 DIN 69873 标准，其有六种标准和规格，即 A 型、B 型、C 型、D 型、E 型、F 型。其特点和应用见表 2-24。A 和 C 型适用于中等的扭矩，主轴转速为中等或高速；B 和 D 型适用于高的扭矩刚性，主轴转速为中等或高速；E 和 F 型适用于低的扭矩刚性，主轴转速较高。

表 2 - 24 HSK 六种结构形式的特点及应用

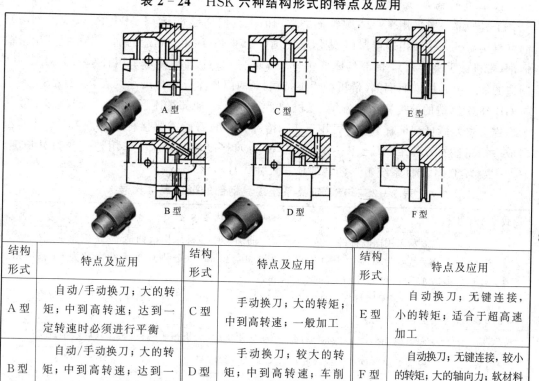

89

结构形式	特点及应用	结构形式	特点及应用	结构形式	特点及应用
A 型	自动/手动换刀；大的转矩；中到高转速；达到一定转速时必须进行平衡	C 型	手动换刀；大的转矩；中到高转速；一般加工	E 型	自动换刀；无键连接，小的转矩；适合于超高速加工
B 型	自动/手动换刀；大的转矩；中到高转速；达到一定转速时必须进行平衡	D 型	手动换刀；较大的转矩；中到高转速；车削加工	F 型	自动换刀；无键连接，较小的转矩；大的轴向力；软材料加工；适合于超高速加工

2.3.3 镗铣类数控机床工具系统

在我国镗铣类数控机床中应用比较广泛的整体式工具系统是 TSG 工具系统。整体式工具系统是指工具系统的柄部与夹持刀具的工作部分连成一体，要求不同工作部分都具有同样结构的刀柄，以便与机床的主轴相连。其特点是使用方便、可靠，缺点是刀柄数量多。TSG 工具系统主要用于数控镗铣床、加工中心等数控机床。TSG 工具系统包含多种接长杆，连接镗铣刀柄、莫氏锥孔刀柄、钻夹头刀柄、攻螺纹夹头刀柄以及钻孔、铰孔、扩孔等孔加工类刀柄和接杆，用于完成平面、斜面、沟槽、铣削、钻孔、铰孔、镗孔、攻螺纹等加工工序。TSG 工具系统具有结构简单、使用方便、装卸灵活、调换迅速的特点，是各种镗铣类数控设备不可缺少的工具。

1.TSG 工具系统中各种工具的型号

TSG 工具系统的型号由五部分组成，其表示方法如下：

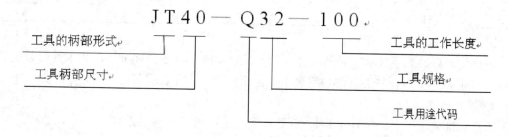

JT40—Q32—100
工具的柄部形式
工具柄部尺寸
工具的工作长度
工具规格
工具用途代码

1) 工具的柄部形式

工具柄部一般采用 7：24 圆锥柄。常用的工具柄部形式有 JT、BT 和 ST 等三种，它们可直接与机床主轴相连接。JT 表示采用国际标准 ISO 7388 制造的加工中心机床用锥柄柄部（带机械手夹持槽），柄部具体形状与尺寸见表 2-21；BT 表示采用日本标准 MAS 403 制造的加工中心用锥柄柄部（带机械手夹持槽），柄部具体形状与尺寸见表 2-22；ST 表示按 GB 3837 制造的数控机床用锥柄（无机械手夹持槽），柄部具体形状与尺寸见表 2-20。

镗刀类刀柄自己带有刀头，可用于粗、精镗。有的刀柄需要接杆或标准刀具，才能组装成一把完整的刀具；KH、ZB、MT、MTW 为四类接杆，接杆的作用是改变刀具长度。表 2-25 为 TSG 工具系统工具柄部的形式尺寸代号。

表 2-25　TSG 工具系统工具柄部的形式尺寸代号

形式尺寸代号	柄部尺寸代号含义
JT	表示采用国际标准 ISO 7388 制造的加工中心机床用锥柄柄部（带机械手夹持槽）。其后数字为相应的 ISO 锥度号，如 50、45 和 40 分别代表大端直径为 69.85 mm、57.15 mm 和 44.45 mm 的 7：24 锥度
BT	BT 表示采用日本标准 MAS 403 制造的加工中心用锥柄柄部（带机械手夹持槽）。其后数字意义同上
ST	ST 表示按 GB 3837 制造的数控机床用锥柄（无机械手夹持槽）。其后数字意义同上
MTW	表示无扁尾莫氏锥柄。其后数字为莫氏锥度号
MT	表示有扁尾莫氏锥柄。其后数字为莫氏锥度号
ZB	表示直柄接杆。其后数字表示其直径尺寸
KH	表示 7：24 锥柄接杆。其后数字为锥柄 ISO 代号

2) 工具用途代码

工具系统中可用代码表示工具的用途，如 XM 表示装面铣刀用刀柄。TSG 82 工具系统用途代码和意义见表 2-26。

表 2-26　TSG 82 工具系统用途代码和意义

代号	代号的含义	代号	代号的含义	代号	代号的含义
J	装接长杆用刀柄	KJ	用于装扩、铰刀	TF	浮动镗刀
Q	弹簧夹头	BS	倍速夹头	TK	可调镗刀
KH	7:24 锥度快换夹头	H	到锪端面刀	X	用于装铣削刀具
Z	用于装钻夹头	T	镗孔刀具	XS	装三面刃铣刀
MW	装无扁尾莫氏锥柄刀具	TZ	直角镗刀	XM	装面铣刀
M	装有扁尾莫氏锥柄刀具	TQW	倾斜式微调镗刀	XDZ	装直角端铣刀
G	攻螺纹夹头	TQC	倾斜式粗镗刀	XD	装端铣刀
C	切内槽工具	TZC	直角式粗镗刀	XP	装削平型铣刀刀柄

3) 工具规格

用途代码后的数字表示工具的工作特性，其含义随工具不同而异，有些工具的数字为其轮廓尺寸 D 或 L；有些工具的数字表示其应用范围；还有表示其他参数，如锥度号等。

4) 工作长度

工作长度表示工具的设计工作长度（锥柄大端直径处到端面的距离）。

2.TSG 工具系统图

图 2 - 53 所示为 TSG 工具系统图。该图提供了 TSG 工具系统中的各种工具的组合形式，供选用时参考。

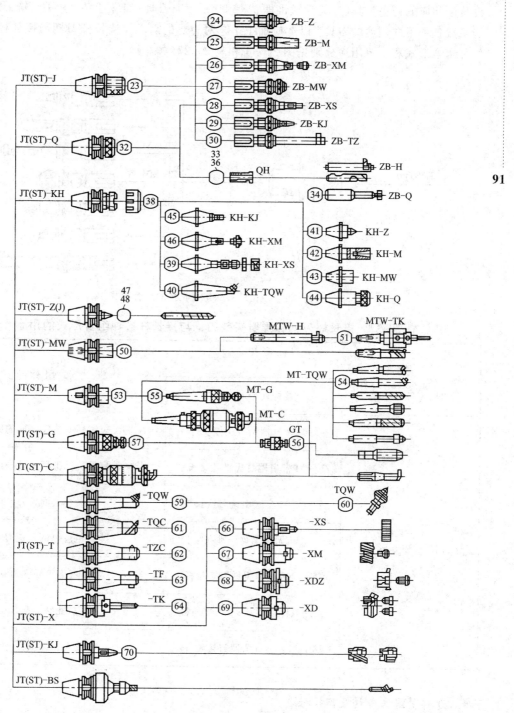

图 2 - 53　TSG 82 工具系统

该刀具系统所包括的工具种类如下。

1) 接长杆刀柄及其接长杆

JT(ST)-J 接长杆刀柄可与 ZB-Z 直柄钻夹头接长杆等七种接长杆组合,在接长杆上再装配相应的通用工具(如莫氏短锥柄钻夹头)和标准刀具(如麻花钻、铰刀、铣刀等),就能组成各种不同用途的刀具,以适应加工工艺对刀具的需求。接长杆刀柄与接长杆组合的各种组合形式和主要用途分别见图 2-54 和表 2-27。

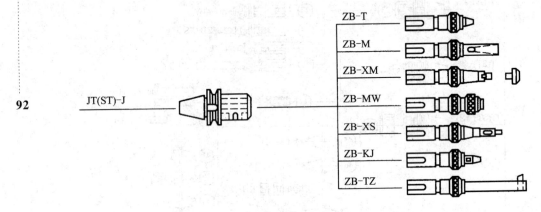

图 2-54 接长杆刀柄与接长杆的组合形式

表 2-27 接长杆刀柄和弹簧夹头刀柄与接长杆各种组合形式的用涂

组 合 形 式		主 要 用 途
刀柄代号和名称	接杆代号和名称	
JT(ST)-J 接长杆刀柄或 JT(ST)-Q 弹簧夹头刀柄	ZB-Z 直柄钻夹头接长杆	配莫氏短锥柄或贾氏锥柄的钻夹头
	ZB-M 带扁尾莫氏锥孔接长杆	装夹带扁尾莫氏锥柄的接杆或刀具
	ZB-XM 套式面铣刀接长杆	装夹套式面铣刀
	ZB-MW 无扁尾莫氏锥孔接长杆	装夹粗齿短柄立铣刀
	ZB-XS 三面刃铣刀接长杆	装夹三面刃立铣刀
	ZB-KJ 扩孔钻、铰刀接长杆	装夹扩孔钻、铰刀
	ZB-TZ 小直角镗刀接长杆	装夹镗刀块

2) 弹簧夹头刀柄及其接杆

弹簧夹头刀柄与各种接长杆、接杆、夹簧等工具的组合形式如图 2-55 所示。该刀柄与各种接长杆和夹簧组成的工具,其用途见表 2-28。

表 2 - 28　弹簧夹头刀柄与接杆和夹簧各种组合形式的用涂

组 合 形 式		主要用途	夹持直径
刀　柄	配 装 件		
JT(ST) - Q 弹簧夹头刀柄	QH 夹簧	装夹直柄刀具或 ZB - Q 夹头	6、8、10、12、20、25、32
	ZB -直柄小弹簧夹头＋LQ 外夹簧组件	装夹直柄刀具或 QH 内夹簧	6、8、10
	QH 夹簧＋ZB -直柄小弹簧夹头＋LQ 外夹簧组件	装夹直柄刀具或 QH 内夹簧	6、8、10
	QH 夹簧＋ZB -直柄小弹簧夹头＋LQ 外夹簧组件＋ QH 内夹簧	装夹直柄刀具	3、4、5
	ZB - H 直柄倒锪端面镗刀	倒锪端面	
	QH 夹簧＋ZB - H 直柄倒锪端面镗刀		

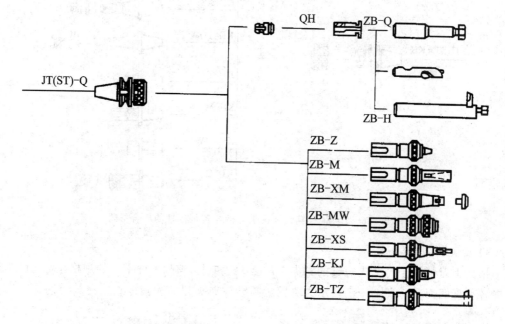

图 2 - 55　弹簧夹头刀柄与接杆、夹簧的组合形式

3）7∶24 锥柄快换夹头刀柄及其接杆

7∶24 锥柄快换夹头刀柄及其接杆的组合形式如图 2 - 56 所示,其用途及尺寸系列见表 2 - 29。

表 2-29 7：24 锥柄快换夹头刀柄及其接杆的各种组合形式的用途

组合形式		主要用途
刀　柄	接　杆	
JT(ST) KH 7：24 锥柄快换夹头刀柄	KH-XS 7：24 圆锥快换三面刃铣刀接杆	装夹三面刃铣刀，铣刀直径（50～80）mm
	KH-TQW 快换倾斜微调镗刀接杆	装夹倾斜镗刀块
	KH-Z(J)7：24 圆锥快换钻夹头接杆	配莫氏短锥或贾氏锥柄的钻夹头
	KH-M 带扁尾莫氏圆锥孔快换接套	装夹带扁尾莫氏锥柄的刀具或接杆
	KH-MW 无扁尾莫氏圆锥孔快换接套	装夹无扁尾莫氏锥柄的刀具或接杆
	KH-Q7：24 圆锥快换弹簧夹头接杆	装夹直柄刀具或 QH 夹簧
	KH-KJ7：24 圆锥快换扩孔钻、铰刀接杆	装夹扩孔钻、铰刀
	KH-XM7：24 圆锥快换面铣刀接杆	装夹面铣刀，铣刀直径（40～80）mm

94

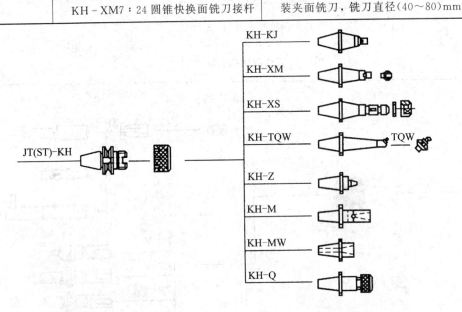

图 2-56 7：24 锥柄快换夹头刀柄与各种接杆的组合形式

4）钻夹头刀柄

钻夹头刀柄用于与莫氏短锥的钻夹头配装，标准中共有 24 种不同的规格尺寸，可用于装夹各种直柄刀具。图 2-57 所示为莫氏短圆锥钻夹头刀柄和整体式钻夹头刀柄。

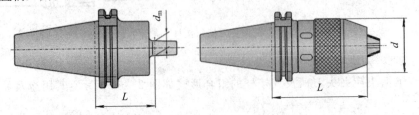

图 2-57 莫氏短圆锥钻夹头刀柄和整体式钻夹头刀柄

5）无扁尾莫氏锥孔刀柄

无扁尾莫氏锥孔刀柄有 10 种规格，可装莫氏 1～5 号锥柄工具，如装带无扁尾莫氏锥柄的立铣刀进行槽铣削。图 2-58 所示为无扁尾莫氏圆锥孔刀柄 BT-MW。

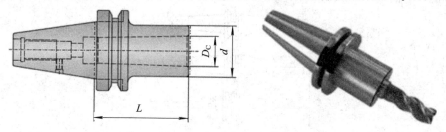

图 2-58 无扁尾莫氏圆锥孔刀柄 BT-MW

6）有扁尾莫氏锥孔刀柄

有扁尾莫氏锥孔刀柄有 29 种规格，可装莫氏 1～5 号锥柄工具，如使用有扁尾莫氏圆锥柄的镗刀进行镗孔；使用有扁尾莫氏圆锥柄的钻头进行钻孔。图 2-59 所示为有扁尾莫氏圆锥孔刀柄 BT-M。

95

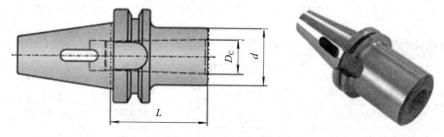

图 2-59 有扁尾莫氏圆锥孔刀柄 BT-M

7）攻螺纹夹头刀柄

攻螺纹夹头刀柄可与 GT3、GT12 攻螺纹夹套配装，用于装夹丝锥。图 2-60 所示为攻螺纹夹头刀柄和丝锥夹套。

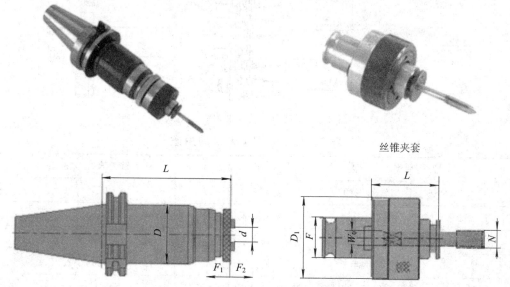

丝锥夹套

图 2-60 攻螺纹夹头刀柄和丝锥夹套

8）镗刀类刀柄

TSG 工具系统中的镗刀类刀柄装上相应的镗刀头，可用于各种粗、精镗孔中。刀柄与镗刀头的组合形式及其用途分别见图 2-61 和表 2-30。

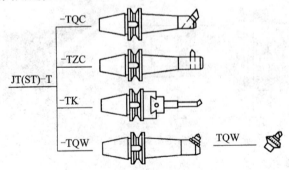

图 2-61　刀柄与镗刀头的组合形式

表 2-30　镗刀类刀柄与镗刀头各种组合形式的用途

组 合 形 式		主 要 用 途
刀　柄	刀　头	
JT(ST)-TQW 倾斜型微调镗刀柄	TQW 倾斜型微调镗刀头	精镗孔，加工范围 $\phi20\sim\phi200$ mm
JT(ST)-TQC 倾斜型粗镗刀柄	TQC 倾斜型粗镗刀头	粗镗孔，加工范围 $\phi25\sim\phi285$ mm
JT(ST)-TZC 直角型粗镗刀柄	TZC 直角型粗镗刀头	粗镗阶梯孔，加工范围 $\phi25\sim\phi190$ mm
JT(ST)-TF 浮动铰（镗）刀柄	浮动镗刀块	精镗通孔，加工范围 $\phi30\sim\phi230$ mm
JT(ST)-TK 可调镗刀头刀柄	镗刀头	镗孔，加工范围 $\phi5\sim\phi165$ mm

9）铣刀类刀柄

铣刀刀柄与铣刀组合形式见图 2-62，用途见表 2-31。

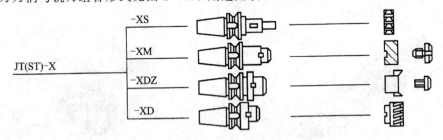

图 2-62　铣刀刀柄与铣刀组合形式

表 2-31　铣刀类刀柄的用途

刀柄种类	用　途	铣刀直径范围/mm
JT(ST)-XS 三面刃铣刀刀柄	装夹三面刃铣刀	$\phi50\sim\phi200$
JT(ST)-XM 套式面铣刀刀柄	装夹套式面铣刀	$\phi40\sim\phi160$
JT(ST)-XDZ 直角端铣刀刀柄	装夹端铣刀	$\phi50\sim\phi100$
JT(ST)-XD 端铣刀刀柄	装夹端铣刀	$\phi80\sim\phi200$
JT(ST)-KJ 套式扩孔钻和铰刀刀柄	装夹套式扩孔钻和铰刀	扩孔钻 $\phi25\sim\phi90$、铰刀 $\phi25\sim\phi70$

2.3.4　数控车削工具系统

数控车床工具系统是车床刀架与刀具之间连接环节的总称,它的作用是使刀具能快速更换和定位以及传递回转刀具所需的回转运动。数控车床的刀架有多种形式,且各公司生产的车床,其刀架结构各不相同,所以各种数控车床所配的工具系统也各不相同。

我国大多数数控车床上所使用的车刀,除采用可转位车刀的比率和可转位车刀刀体、刀片的精度略高以外,与卧式车床上使用的车刀区别不大。因此至今未能形成我国完整的车削类工具系统。

1. 数控车削整体式工具系统的特点

数控车削整体式工具系统目前在我国已较为普及,国内行业命名为 CZG 车削工具系统(如图 2-63 所示),在国际上它等同于德国标准 DIN 69880。

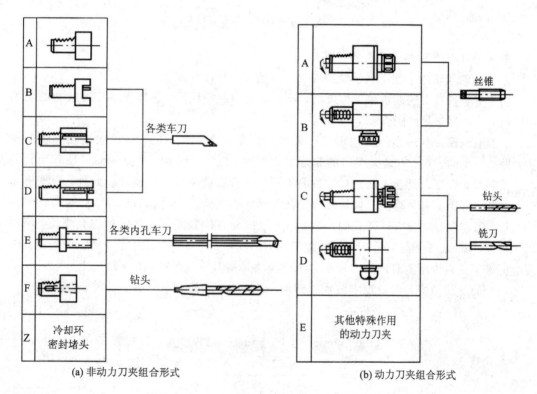

图 2-63　CZG 车削类数控工具系统(DIN 69880)

CZG 车削工具系统与数控车床刀架连接的柄部是由一个与其轴线垂直的齿条圆柱和法兰组成(如图 2-64 所示)。在数控车床的刀架上,安装刀夹柄部圆柱孔的侧面有一个由螺栓带动的可移动楔形齿条,该齿条与刀夹柄部上的齿条相啮合,并有一定错位。由于存在这个错位,当旋转螺栓,楔形齿条径向压紧刀夹柄部的同时,可使柄部的法兰紧密地贴紧在刀架的定位面上,并产生足够的拉紧力。这种结构具有刀夹装卸操作简便、快捷,刀夹重复定位精度高,连接刚度高等优点。

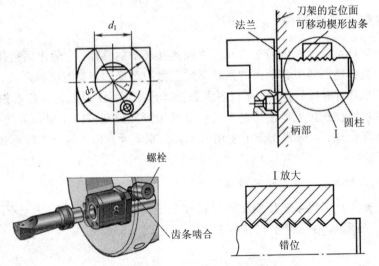

图 2-64 CZG 车削类数控工具系统柄部形状

2. 数控车削模块式工具系统的特点

数控车削模块式车削工具系统如图 2-65 所示，其特点如下：

（1）一般只有主柄模块和工作模块，较少使用中间模块，以适应车削中心较小的切削区空间，并提高工具的刚性。

（2）主柄模块有较多的结构形式。根据刀具安装方向的不同，有径向模块和轴向模块；根据加工的需要，有装夹车刀的非动力式模块，也有安装钻头、立铣刀并使其回转的动力式模块；根据刀具与主轴相对位置的不同，有右切模块和左切模块。此外，根据机床换刀方式的不同，有手动换刀模块和自动换刀模块。主柄模块通常都有切削液通道。

（3）工作模块主要有两大类型：一类是连接柄和刀体制成一体的各种刀具模块，例如用于外圆、端面、镗孔、钻孔、切槽等加工的刀具模块；另一类是用于装夹钻头、丝锥、铣刀等标准工具或专用工具的夹刀模块。工作模块是换刀的更换单元，在结构上一般具备机械手夹持的部位与安装刀具识别磁片的部位，以适应自动换刀车削中心的需要。

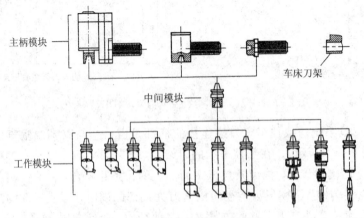

图 2-65 模块式车削工具系统

车削工具系统模块连接结构的设计与加工中心工具系统模块连接结构的要求相同。图2-66 所示是山特维克可乐满（Sandvik Coromant）典型车削系统及加紧方式。

98

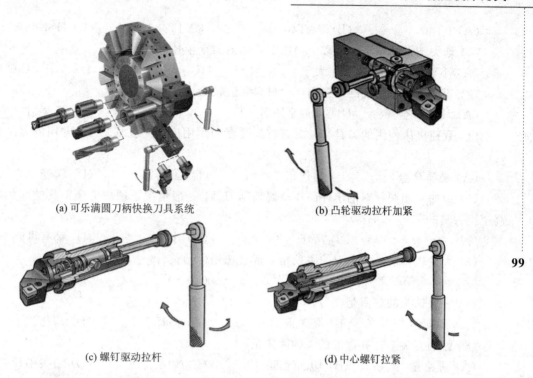

(a) 可乐满圆刀柄快换刀具系统

(b) 凸轮驱动拉杆加紧

(c) 螺钉驱动拉杆

(d) 中心螺钉拉紧

图 2-66 山特维克可乐满(Sandvik Coromant)典型车削系统及加紧方式

思考与习题

2-1 填空题

(1) 常用的刀具材料有高速钢、_____、陶瓷材料和超硬材料四类。

(2) 加工的圆弧半径较小时，刀具半径应选_____。

(3) 当金属切削刀具的刃倾角为负值时，刃尖位于主刀刃的最高点，切屑排出时流向工件_____表面。

(4) 工件材料的强度和硬度较低时，前角可以选得_____些；强度和硬度较高时，前角选得_____些。刀具切削部分的材料应具备如下性能；高的硬度、_____、_____。

(5) 现代数控刀具材料主要有高速钢、_____、_____、_____四种。

(6) 影响刀具寿命的主要因素有：工件材料、_____、_____、_____。

(7) 刀具磨钝标准有_____和_____两种。

(8) 刀具磨损到一定程度后需要刃磨换新刀，需要规定一个合理的磨损限度，为_____。

(9) 在刀具材料中，_____用于切削速度很高、难加工材料的场合，以制造形状较简单的刀具。

2-2 选择题

(1) 高速切削时应使用( )类刀柄。

(A) BT40 　　　　(B) CAT40 　　　　(C) JT40 　　　　(D) HSK63A

(2) 球头铣刀的球半径通常（　）加工曲面的曲率半径。

(A) 小于 　　　　(B) 大于 　　　　(C) 等于 　　　　(D) A，B，C 都可以

(3) 切削刃形状复杂的刀具用（　）材料制造较为合适。

(A) 硬质合金 　　　(B) 人造金刚石 　　　(C) 陶瓷 　　　(D) 高速钢

(4) 数控机床使用的刀具必须具有较高强度和耐用度、铣削加工刀具常用的刀具材料是（　）。

(A) 硬质合金 　　　(B) 高速钢 　　　(C) 工具钢 　　　(D) 陶瓷刀片

(5) 为加工相同材料的工件制作金属切削刀具，一般情况下硬质合金刀具的前角（　）高速钢刀具的前角。

(A) 大于 　　　　(B) 等于 　　　　(C) 小于 　　　　(D) 都有可能

(6) 大量粗车削外圆车刀的主偏角一般宜选用（　）。

(A) 0° 　　　　(B) 20° 　　　　(C) 30° 　　　　(D) 45°

(7) 一般钻头的材质是（　）。

(A) 高碳钢 　　　(B) 高速钢 　　　(C) 高锰钢 　　　(D) 碳化物

(8) 影响刀尖半径补偿值最大的因素是（　）。

(A) 进给量 　　　(B) 切削速度 　　　(C) 切削深度 　　　(D) 刀尖半径大小

(9) 在高温下能够保持刀具材料的性能称（　）。

(A) 硬度 　　　　(B) 红硬度 　　　(C) 耐磨性 　　　(D) 韧性和硬度

(10) 刀具磨钝标准通常都按（　）的磨损值来制订。

(A) 月牙洼深度 　　(B) 前面 　　　(C) 后面 　　　(D) 刀尖

(11) 车削钢材的刀具材料，应选择（　）硬质合金。

(A) YG3 　　　　(B) YG8 　　　　(C) YT15 　　　　(D) YG5

(12) 刀具材料中，制造各种结构复杂的刀具应选用（　）。

(A) 碳素工具钢 　　(B) 合金工具钢 　　(C) 高速工具钢 　　(D) 硬质合金

(13) 下列刀具中，（　）不能作大量的轴向切削进给。

(A) 球头铣刀 　　　(B) 立铣刀 　　　(C) 键槽铣刀 　　　(D) 镗刀

(14) 用立铣刀切削平面零件外部轮廓时，铣刀半径应（　）零件外部轮廓的最小曲率半径。

(A) 小于 　　　　(B) 大于 　　　　(C) 等于 　　　　(D) 大于等于

(15) 在断续铣削过程中将（　）修磨成较大的负值，可以有效地提高刀具的耐用度。

(A) 前角 　　　　(B) 主偏角 　　　(C) 刃倾角 　　　(D) 后角

2-3 问答题

(1) 国内市场的主要刀具品牌有哪些？通过网络了解常见刀具品牌及各自特点。

(2) 与普通机床切削相比，数控加工对刀具有哪些要求？

(3) 说明可转位刀片型号 TNMM 270612(公制)所代表的含义？

(4) 常见的可转位刀片加紧方式有几种？刀片加紧方式的基本要求是什么？

(5) 可转位刀片选择有什么原则？

(6) P、K、M 类硬质合金分别适合加工哪类材料？

（7）常用的刀柄类型及其特点有哪些？常用拉钉的类型和特点有哪些？

（8）在常规和高速切削应用中，为了得到尽可能好的效果，应使用何种刀柄？

本章学习参考书

［1］陆剑中，孙家宁.金属切削原理与刀具. 5 版［M］.北京：机械工业出版社，2011.

［2］徐宏海.数控机床刀具及其应用［M］.北京：化学工业出版社，2010.

［3］苏宏志.数控加工刀具及其选用技术［M］.北京：机械工业出版社，2014.

第 3 章

数控加工工艺文件的制订

3.1 基本概念

3.1.1 生产过程和工艺过程

1. 生产过程

机械产品制造时，由原材料到该机械产品出厂的全部劳动过程称为机械产品的生产过程。

机械产品的生产过程包括：

(1) 生产的准备工作，如产品的开发设计和工艺设计、专用装备的设计与制造、各种组织方面的准备工作。

(2) 原材料及半成品的运输和保管。

(3) 毛坯的制造过程，如铸造、锻造和冲压等。

(4) 零件的各种加工过程，如机械加工、焊接、热处理和表面处理等。

(5) 部件和产品的装配过程，包括组装、部装等。

(6) 产品的检验、调试、油漆和包装等。

需指出的是，上述的"原材料"和"产品"的概念是相对的。一个工厂的"产品"可能是另一个工厂的"原材料"，而另一个工厂的"产品"又可能是其他工厂的"原材料"。因为在现代制造业中，生产专业化的程度越来越高，如汽车上的轮胎、仪表、电器元件、标准件及其他许多零件都是由其他专业工厂生产的，汽车制造厂只生产一些关键部件和配套件，并最后装配成完整的产品——汽车。

2. 工艺过程

在机械产品的生产过程中，毛坯的制造、机械加工、热处理和装配等，这些与原材料变为成品直接有关的过程称为工艺过程。而在工艺过程中，用机械加工的方法直接改变毛坯形状、尺寸和表面质量，使之成为合格零件的工艺过程称为机械加工工艺过程。

机械产品的生产过程、工艺过程和机械加工工艺过程之间的关系如图 3-1 所示。

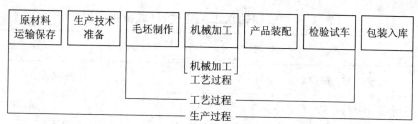

图 3-1　生产过程、工艺过程和机械加工工艺过程之间的关系

3. 数控加工工艺过程

数控加工工艺过程是利用切削工具在数控机床上直接改变加工对象的形状、尺寸、表面位置及表面状态等，使其成为成品或半成品的过程。数控加工工艺过程一般只是零件机械加工中几道数控加工工序工艺过程的具体描述，而不是从毛坯到成品的整个工艺过程。

3.1.2　数控加工工艺过程的组成

103

数控加工工艺过程一般由一个或若干个工序组成。而工序又可分为安装、工位、工步和走刀，它们按一定顺序排列，逐步改变毛坯的形状、尺寸和材料的性能，使之成为合格的零件。

1. 工序

工序是指一个（或一组）工人，在一个工作地点（如一台设备）对一个（或同时对几个）工件所连续完成的那一部分工艺过程。

工序是工艺过程的基本单元，划分工序的主要依据是零件加工过程中工作地点（设备）是否变动，该工序的工艺过程是否连续完成。如图 3-2 所示的阶梯轴，在生产批量较小时其工序的划分见表 3-1；加工批量较大时，可按表 3-2 划分工序。

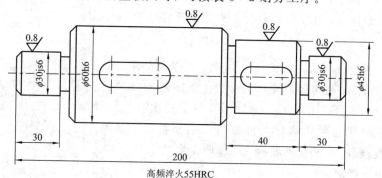

高频淬火55HRC

图 3-2　阶梯轴简图

表 3-1　阶梯轴加工工艺过程（生产批量较小时）

工序号	工序内容	设　备
1	车端面，钻中心孔，车全部外圆，车槽与倒角	车床
2	铣键槽，去毛刺	铣床
3	粗磨各外圆	外圆磨床
4	热处理	高频淬火机
5	精磨外圆	外圆磨床

表 3-2 阶梯轴加工工艺过程(成批生产)

工 序 号	工 序 内 容	设 备
1	铣端面，钻中心孔	铣端面钻中心孔机床
2	车一端外圆，车槽与倒角	车 床
3	车另一端外圆，车槽与倒角	车 床
4	铣键槽	铣 床
5	去毛刺	钳工台
6	粗磨外圆	外圆磨床
7	热处理	高频淬火机
8	精磨外圆	外圆磨床

从表 3-1 和表 3-2 可以看出，当工作地点变动时，即构成另一工序;同时，在同一工序内所完成的工作必须是连续的，若不连续，也构成另一工序。如表 3-2 中的工序 2 和工序 3，先将一批工件的一端全部车好，然后掉头在同一车床上再车这批工件的另一端，尽管工作地点没有变动，但对每一个工件来说，两端的加工是不连续的，也应划分为两道不同的工序。不过，在这种情况下，究竟是先将工件的两端全部车好再车另一阶梯轴，还是先将这批工件一端全部车好后再分别车工件的另一端，对生产率和产品质量影响不大，可以由操作者自行决定，在工序的划分上有时也把它当做一道工序。

2. 安装

工件经一次装夹后所完成的那一部分工序称为安装。在一个工序中，工件的工作位置可能只需一次安装，也可能需要几次安装。例如表 3-1 中的工序 2，一次安装即可铣出键槽;而工序 1 中，为了车出全部外圆则最少需要两次安装。零件在加工过程中应尽可能减少安装次数，因为安装次数愈多，安装误差就愈大，而且安装工件的辅助时间也要增加。

3. 工位

为了减少工件的安装次数，在大批量生产时，常采用各种回转工作台、回转夹具或移位夹具，使工件在一次安装中先后处于几个不同位置进行加工。工件在一次安装下相对于机床或刀具每占据一个加工位置所完成的工艺过程称为工位。图 3-3 所示为一种用回转工作台在一次安装中顺次完成装卸工件、钻孔、扩孔和铰孔四个工位加工的实例。

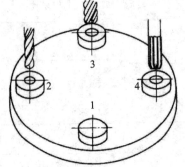

工位1—装卸工件;工位2—钻孔;
工位3—扩孔;工位4—铰孔

图 3-3 多工位加工

4. 工步

工步是指在加工表面和加工工具不变的情况下所完成的那一部分工序内容。一道工序可以包括几个工步，也可以只包括一个工步。例如在表 3-2 的工序 3 中，包括车各外圆表面及车槽等工步。而工序 4 中采用键槽铣刀铣键槽时，就只包括一个工步。

为简化工艺文件，对在一次安装中连续进行的若干相同工步，例如图 3-4 所示零件上4 个 φ16 mm 孔的钻削，可简写成一个工步，即钻 4×φ16 mm 孔。为了提高生产率，用几把不同刀具同时加工几个不同表面，此类工步称为复合工步(见图 3-5)，复合工步视为一个工步。在数控加工中，有时将在一次安装中用一把刀具连续切削零件上的多个表面也划分为一个工步。

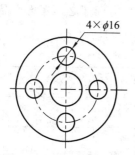

图 3-4　钻 4 个相同孔的工步

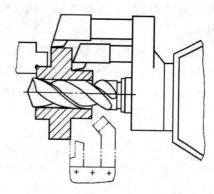

图 3-5　复合工步

5. 走刀

在一个工步内，若被加工表面要切除的金属层很厚，需要分几次切削，则每进行一次切削就是一次进给。

3.1.3　生产纲领、生产类型及其工艺特点

机械产品的制造工艺不仅与产品的结构和技术要求关系密切，而且也与企业的生产类型有很大关系，而企业的生产类型是由企业的生产纲领决定的。

1. 生产纲领

企业在计划期内应当生产的产品产量和进度计划称为生产纲领。计划期常定为一年，所以年生产纲领也就是年产量。

零件的年生产纲领可按下式计算：

$$N = Qn(1 + a\%)(1 + b\%)$$

式中：N 为零件的年生产纲领(件/年)；Q 为产品的年产量(台/年)；n 为每台产品中该零件的数量(件/台)；$a\%$ 为备品的百分率；$b\%$ 为废品的百分率。

生产纲领的大小对生产组织和零件加工工艺过程起着重要的作用，它决定了各工序所需专业化和自动化的程度，决定了所应选用的工艺方法和工艺装备。

2. 生产类型及其工艺特点

根据生产纲领的大小和产品品种的多少，机械制造业的生产类型可分为单件生产、成批生产和大量生产三种类型。

105

（1）单件生产。单件生产的基本特点是产品品种多，但同一产品的产量少，而且很少重复生产，各工作地加工对象经常改变。例如重型机械产品制造和新产品试制等都属于单件生产。

（2）成批生产。成批生产是分批地生产相同的零件，生产周期性重复。例如机床、机车、纺织机械等产品制造多属于成批生产。同一产品（或零件）每批投入生产的数量称为批量。批量可根据零件的年产量及一年中的生产批数计算确定。按照批量的大小和被加工零件的特征，成批生产又可分为小批生产、中批生产和大批生产三种。在工艺方面，小批生产与单件生产相似，大批生产与大量生产相似，中批生产则介于单件生产和大量生产之间。

（3）大量生产。大量生产的基本特点是产品的产量大、品种少，大多数工作地长期重复地进行某一零件的某一工序的加工。例如汽车、拖拉机、轴承和自行车等产品的制造多属于大量生产。

生产类型的划分一方面要考虑生产纲领，即年产量；另一方面还必须考虑产品本身的大小和结构的复杂性。在具体确定生产类型时可参考表3-3和表3-4。

表3-3 生产纲领与生产类型的关系

生产类型	零件的年生产纲领/件		
	重型零件	中型零件	轻型零件
单件生产	＜5	＜10	＜100
小批生产	5～100	10～200	100～500
中批生产	100～300	200～500	500～5000
大批生产	300～1000	500～5000	5000～50 000
大量生产	＞1000	＞5000	＞50 000

表3-4 不同机械产品的零件重量型别

机械产品类别	零件的质量/kg		
	轻型零件	中型零件	重型零件
电子机械	≤4	＞4～30	＞30
机床	≤15	＞15～50	＞50
重型机械	≤100	＞100～2000	＞2000

不同生产类型零件的加工工艺有很大的差异，当产量大、产品固定时，有条件采用各种高生产率的专用机床和专用夹具，以提高劳动生产率和降低成本，但在产量小、产品品种多时，目前多采用通用机床和通用夹具，生产率较低；当采用数控机床加工时，生产率将有很大的提高。随着技术进步和市场需求的变化，生产类型的划分正发生着深刻的变化，传统的大批量生产往往不能适应产品及时更新换代的需要，而单件小批量生产的生产能力又跟不上市场之急需，因此各种生产类型都朝着生产过程柔性化的方向发展。

106

3.2　零件工艺性分析及毛坯选择

3.2.1　零件的结构工艺性分析

零件的结构分析主要包括以下三方面。

1. 零件表面的组成

尽管组成零件的结构多种多样，但从形体上加以分析，都是由一些基本表面和特形表面组成的。基本表面有内外圆柱表面、圆锥表面和平面等；特形表面主要有螺旋面、渐开线齿形表面、圆弧面(如球面)等。在零件结构分析时，根据机械零件不同表面的组合形成零件结构上的特点，就可选择与其相适应的加工方法和加工路线，例如外圆表面通常由车削或磨削加工；内孔表面则通过钻、扩、铰、镗和磨削等加工方法获得。

机械零件不同表面的组合形成零件结构上的特点。在机械制造中，通常按零件结构和工艺过程的相似性，将各类零件大致分为轴类零件、套类零件、箱体类零件、齿轮类零件和叉架类零件等。

2. 区分主要表面与次要表面

根据零件各加工表面要求的不同，可以将零件的加工表面划分为主要加工表面和次要加工表面，这样，就能在工艺路线拟订时，做到主次分开，以保证主要表面的加工精度。

3. 零件的结构工艺性

零件的结构工艺性是指零件在满足使用要求的前提下，制造该零件的可行性和经济性。功能相同的零件，其结构工艺性可以有很大差异。所谓结构工艺性好，是指在现有工艺条件下，既能方便制造，又有较低的制造成本。目前，关于零件结构工艺性的分析尚停留在定性分析阶段。表 3-5 列举了在常规工艺条件下，零件结构工艺性分析的实例，供设计零件和进行零件结构工艺性分析时参考。

表 3-5　零件结构工艺性实例分析

序号	零件结构			
	工艺性不好		工艺性好	
1		孔离箱壁太近，钻头在圆角处易引偏；箱壁高度尺寸大，需加长钻头方能钻孔	(a)　　(b)	加长箱耳，不需要加长钻头，只要使用上允许将箱耳设计在某一端，则不需要加长箱耳，即可方便加工
2		车螺纹时，螺纹根部易打刀且不能清根		留有退刀槽，可使螺纹清根，避免打刀

序号	零件结构			
	工艺性不好		工艺性好	
3		插齿无退刀空间,小齿轮无法加工		大齿轮可滚齿或插齿,小齿轮可以插齿加工
4		两端轴颈需磨削加工,因砂轮圆角而不能清根		留有砂轮越程槽,磨削时可以清根
5		斜面钻孔,钻头易引偏		只要结构允许留出平台,可直接钻孔
6		锥面加工时易碰伤圆柱面,且不能清根		可方便地对锥面进行加工
7		加工面高度不同,需两次调整刀具加工,影响生产率		加工面在同一高度,一次调整刀具可加工两个平面
8		三个退刀槽的宽度有三种尺寸,需用三把不同尺寸的刀具加工		同一个宽度尺寸的退刀槽,使用一把刀具即可加工

序号	零件结构			
	工艺性不好		工艺性好	
9	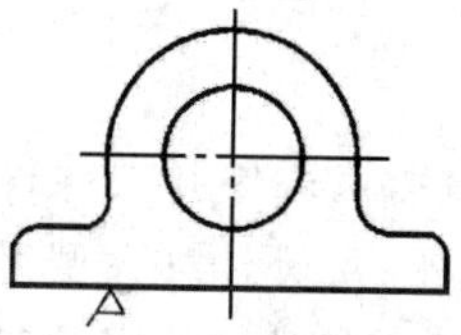	加工面大,加工时间长,平面度误差大	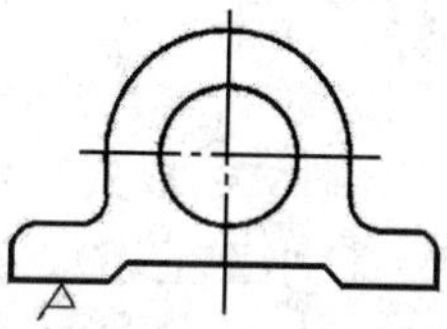	加工面减小,节省工时,减少刀具损耗并且容易保证平面度要求
10	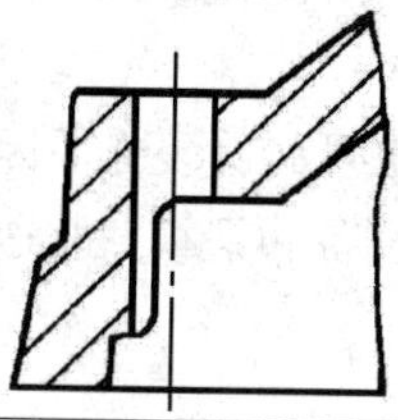	内壁孔出口处有阶梯面,钻孔时孔易钻偏或钻头折断	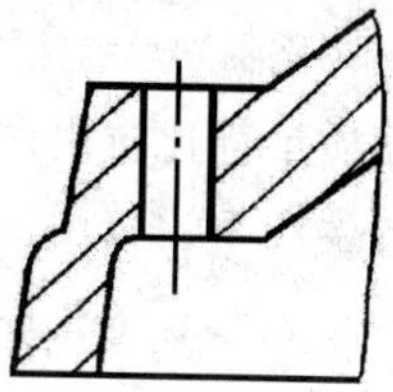	内壁孔出口处平整,钻孔方便,易保证孔中心位置度
11	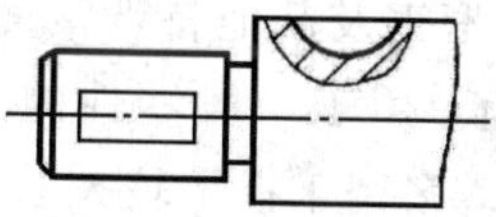	键槽设置在阶梯轴90°方向上,需两次装夹加工	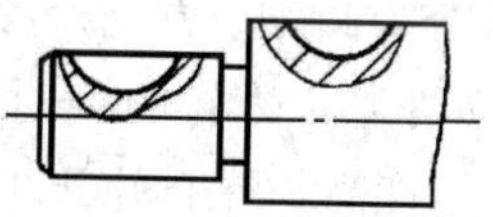	将阶梯轴的两个键槽设计在同一方向上,一次装夹即可对两个键槽进行加工
12	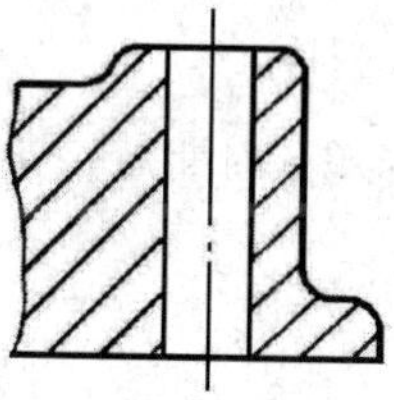	钻孔过深,加工时间长,钻头耗损大,并且钻头易偏斜	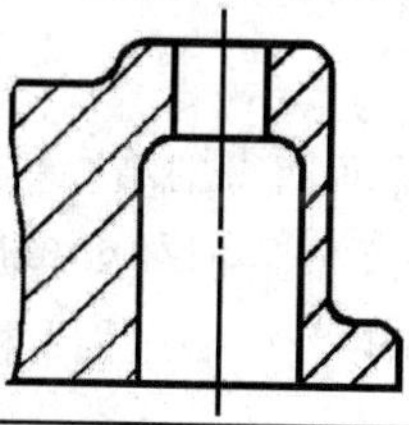	钻孔的一端留空刀,钻孔时间短,钻头寿命长,且不不易偏斜

3.2.2　零件的技术要求分析

零件图样上的技术要求,既要满足设计要求,又要便于加工,而且技术要求应齐全和合理。通常技术要求包括下列几个方面:

(1) 加工表面的尺寸精度、形状精度和表面质量。

(2) 各加工表面之间的相互位置精度。

(3) 工件的热处理和其他要求,如动平衡、镀铬处理等。

零件的尺寸精度、形状精度、位置精度和表面粗糙度的要求对确定数控加工工艺方案和生产成本影响很大。因此,必须认真审查,以避免过高的要求使加工工艺复杂化和增加不必要的费用。

3.2.3　常用的毛坯种类

毛坯的种类很多,同一种毛坯又有多种制造方法,常用的毛坯有以下几种:

1. 铸件

形状复杂的零件毛坯,宜采用铸造方法制造。目前铸件大多用砂型铸造。砂型铸造又分为木模手工造型和金属模机器造型。木模手工造型铸件精度低，加工表面余量大，生产率低，适用于单件小批生产或大型零件的铸造。金属模机器造型生产率高，铸件精度高，但设备费用高，铸件的重量也受到限制，适用于大批量生产的中小铸件。其次，少量质量要求较高的小型铸件可采用特种铸造（如压力铸造、离心制造和熔模铸造等）。

2. 锻件

机械强度要求高的钢制件，一般要用锻件毛坯。锻件有自由锻造锻件和模锻件两种。自由锻造锻件可用手工锻打（小型毛坯）、机械锤锻（中型毛坯）或压力机压锻（大型毛坯）等方法获得。这种锻件的精度低，生产率不高，加工余量较大，而且零件的结构必须简单；适用于单件和小批量生产，以及制造大型锻件。

模锻件的精度和表面质量都比自由锻件好，而且锻件的形状也可较为复杂，因而能减少机械加工余量。模锻的生产率比自由锻高得多，但需要特殊的设备和锻模，故适用于批量较大的中小型锻件。

3. 型材

型材按截面形状可分为圆钢、方钢、六角钢、扁钢、角钢、槽钢及其他特殊截面的型材。型材有热轧和冷拉两类。热轧的型材精度低，但价格便宜，用于一般零件的毛坯；冷拉的型材尺寸较小、精度高，易于实现自动送料，但价格较高，多用于批量较大的生产，适用于自动机床加工。

4. 焊接件

焊接件是用焊接方法而获得的结合件，焊接件的优点是制造简单、周期短、节省材料，缺点是抗震性差，变形大，需经时效处理后才能进行机械加工。

除此之外，还有冲压件、冷挤压件、粉末冶金等其他毛坯。

3.2.4 毛坯选择中应注意的问题

选择毛坯时应注意以下几个方面。

1. 零件材料及其力学性能

零件的材料大致确定了毛坯的种类。例如材料为铸铁和青铜的零件应选择铸件毛坯；钢质零件形状不复杂，力学性能要求不太高时可选型材；重要的钢质零件，为保证其力学性能，应选择锻件毛坯。

2. 零件的结构形状与外形尺寸

形状复杂的毛坯一般用铸造方法制造。薄壁零件不宜用砂型铸造；中小型零件可考虑用先进的铸造方法；大型零件可用砂型铸造。一般用途的阶梯轴，如各阶梯直径相差不大，可用圆棒料；如各阶梯直径相差较大，为减少材料消耗和机械加工的劳动量，则宜选择锻件毛坯。尺寸大的零件一般选择自由锻造；中小型零件可选择模锻件；一些小型零件可做成整体毛坯。

3. 生产类型

大量生产的零件应选择精度和生产率都比较高的毛坯制造方法，如铸件采用金属模机器造型或精密铸造；锻件采用模锻、精锻；型材采用冷轧或冷拉型材；零件产量较小时应选择精度和生产率较低的毛坯制造方法。

4. 现有生产条件

确定毛坯的种类及制造方法，必须考虑具体的生产条件，如毛坯制造的工艺水平、设备状况以及对外协作的可能性等。

5. 充分考虑利用新工艺、新技术和新材料

随着机械制造技术的发展，毛坯制造方面的新工艺、新技术和新材料的应用也发展得很快，如精铸、精锻、冷挤压、粉末冶金和工程塑料等在机械中的应用日益增多。采用这些方法大大减少了机械加工量，有时甚至可以不再进行机械加工就能达到加工要求，其经济效益非常显著。在选择毛坯时应给予充分考虑，在可能的条件下，尽量采用这些新工艺、新技术和新材料。

111

3.3　定位基准的选择

3.3.1　基准的概念及分类

基准就是零件上用以确定其他点、线、面位置所依据的那些点、线、面。基准根据其功用不同分为设计基准与工艺基准。

1. 设计基准

在零件图上用以确定零件上其他点、线、面位置的那些点、线、面称为设计基准。如图 3-6(a)所示的零件，对尺寸 20 mm 而言，A、B 面互为设计基准；图 3-6(b)中，ϕ50 mm 圆柱面的设计基准是 ϕ50 mm 的轴线，ϕ30 mm 圆柱面的设计基准是 ϕ30 mm 的轴线。就同轴度而言，ϕ50 mm 的轴线是 ϕ30 mm 轴线的设计基准。如图 3-6(c)所示的零件，圆柱面的下素线 D 为槽底面 C 的设计基准。作为设计基准的点、线、面在工件上不一定具体存在，例如表面的几何中心、对称线和对称平面等。

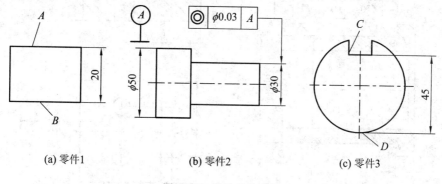

|(a) 零件1|(b) 零件2|(c) 零件3|

图 3-6　设计基准示例

2. 工艺基准

零件在加工工艺过程中所采用的基准称为工艺基准。工艺基准按用途不同又可分为工序基准、定位基准、测量基准和装配基准。

（1）工序基准：在工序图上，用以确定本工序被加工表面加工后的尺寸、形状、位置的基准称为工序基准，其所标注的加工面尺寸称为工序尺寸。图 3 - 7 所示为一工件上钻孔工序简图，（a）、（b）分别表示对被加工孔的工序基准的两种不同选择。而尺寸 22±0.1 和尺寸 18±0.1 为选取不同工序基准时的工序尺寸。

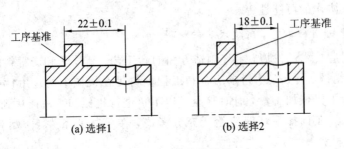

(a) 选择1   (b) 选择2

图 3 - 7 工序基准示例

（2）定位基准：加工时，使工件在机床上或夹具中占据一个正确位置所依据的基准称为定位基准。作为定位基准的点、线、面，可能是工件上的某些面，也可能是看不见摸不着的中心线、对称线、对称面和球心等。工件定位时，往往需要通过某些表面来体现，这些面称为定位基准面。例如，用三爪自定心卡盘夹持工件外圆，体现以轴线为定位基准，外圆面为定位基准面；严格地说，定位基准与定位基准面并不相同，但可以替代，这中间存在一个误差问题，定位精度要求高时，替代后需计入这个误差。

如将图 3 - 8(a)中零件的内孔套在心轴上加工 $\phi 40$ mm 外圆时，内孔即为定位基准。加工一个表面时，往往需要数个定位基准同时使用。如图 3 - 8(b)所示的零件，加工孔时，为保证孔对 B 面的垂直度和尺寸 L_2 的精度，要用 B 和 A 面作为定位基准。

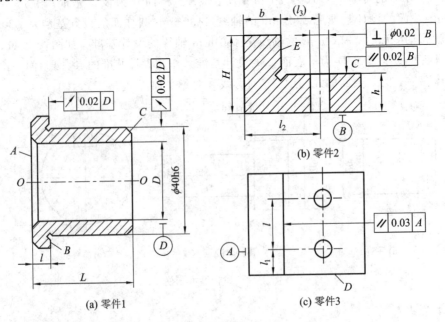

(a) 零件1   (b) 零件2   (c) 零件3

图 3 - 8 定位基准示例

（3）测量基准：零件检验时，用以测量已加工表面尺寸形状及位置的基准称为测量基准。如图 3-6(c)所示，检验尺寸为 45 时，下素线 D 为测量基准；图 3-8(a)中，以内孔套在检验心轴上去检验 $\phi40h6$ 外圆的径向跳动和端面 B 的端面跳动时，内孔即为测量基准。

（4）装配基准：装配时，用以确定零件或部件在产品中的相对位置所采用的基准称为装配基准。如图 3-8(a)所示的钻套，$\phi40h6$ 外圆及端面 B 为装配基准；如图 3-8(b)所示的支承块，底面 B 为装配基准。

3.3.2　定位基准的选择原则

定位基准有粗基准与精基准之分。在加工的起始工序中，只能用毛坯上未加工的表面作定位基准，这种定位基准称为粗基准，以已加工过的表面作定位基准的称为精基准。在加工中，首先使用的是粗基准，但在选择定位基准时，为了保证零件的加工精度，首先考虑的是选择精基准。

1. 精基准的选择原则

精基准的选择应从保证零件加工精度出发，同时考虑装夹方便，夹具结构简单。选择时一般应遵循以下原则：

（1）基准重合原则。所谓基准重合，是指以设计基准作为定位基准以避免产生基准不重合造成的误差，这一原则称为基准重合原则。如图 3-9 所示，铣削加工尺寸 L_1 的设计基准是 E 面，而定位基准是 A 面，这种定位基准与设计基准的不重合，将会因为 E 面和 A 面之间尺寸 L_2 的误差 T_2 给尺寸 L_1 造成定位误差。因此选择定位基准时，应尽可能遵守"基准重合"原则。"基准重合"原则对于保证表面间的相互位置精度（如平行度、垂直度、同轴度等）亦完全适用。

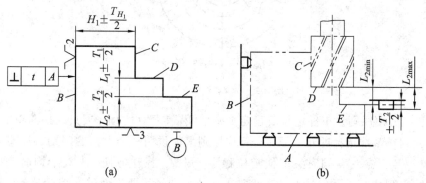

(a)　　　　　　　　　　　(b)

图 3-9　基准不重合误差示例

（2）基准统一原则。当工件上有许多表面需要进行多道工序加工时，应尽可能在多个工序中采用同一组基准定位，这就是"基准统一"原则。例如，轴类零件的大多数工序都以顶尖孔为定位基准；齿轮的齿坯和齿形多采用齿轮的内孔及基准端面为定位基准；箱体零件加工大多以一组平面或一面两孔作为统一基准加工孔系和端面。

采用"基准统一"原则可较好地保证各加工面的位置精度，也可减小工装设计及制造的费用，提高生产率，并且可以避免基准转换所造成的误差。

（3）自为基准原则。有些精加工工序为了保证加工质量，要求加工余量小而均匀，采用加工表面本身作为定位基准，就是"自为基准"原则。例如磨削床身的导轨面时，就是以导轨面本身作定位基准(见图 3-10)。此外，用浮动铰刀铰孔、浮动镗刀镗孔、圆拉刀拉孔、无心磨床磨外圆表面等，均是以加工表面本身作定位基准的实例。

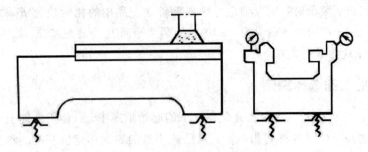

图 3-10　床身导轨面的磨削

(4) 互为基准原则。为了使加工面获得均匀的加工余量和较高的位置精度，可采用加工面间互为基准、反复加工的原则。例如加工精密齿轮时，通常是齿面淬硬后再磨齿面及内孔。由于齿面磨削余量小，为了保证加工要求，采用如图 3-11 所示的装夹方式。先以齿面为基准磨内孔，再以内孔为基准磨齿面，这样不但使齿面磨削余量小而均匀，而且能较好地保证内孔与齿切圆有较高的同轴度。

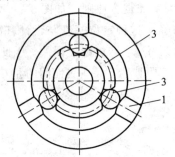

1—卡盘；2—滚柱；3—齿轮

图 3-11　精密齿轮的磨削

(5) 装夹方便原则。工件定位要稳定，夹紧可靠，操作方便，夹具结构简单。

以上介绍精基准选择的几项原则，每项原则只能说明一个方面的问题。理想的情况是基准既"重合"又"统一"，同时又能使定位稳定、可靠、操作方便，夹具结构简单。但实际运用中往往出现相互矛盾的情况，这就要求从技术和经济两方面进行综合分析，抓住主要矛盾，进行合理选择。

还应该指出，工件上的定位精基准，一般是工件上具有较高精度要求的重要工作表面，但有时为了使基准统一或定位可靠，操作方便，人为地制造一种基准面，这些表面在零件使用中并不起作用，仅在加工中起定位作用，如顶尖孔、工艺凸台等，这类基准称为辅助基准。

2. 粗基准的选择原则

选择粗基准时，主要考虑如何保证加工面都能分配到合理的加工余量，以及加工面与不加工面之间的位置尺寸和位置精度，同时还要为后续工序提供可靠的精基准。具体选择时一般遵循下列原则：

（1）不加工面作为粗基准。对于同时有加工表面与不加工表面的工件，为了保证不加工表面与加工表面之间的位置要求，应选择不加工表面作为粗基准。

如图 3 - 12 所示，铸件毛坯孔 B 与外圆有偏心，若以不加工面外圆面 A（见图 3 - 12（a））为粗基准加工孔 B，加工时余量不均匀，但加工后的孔 B 与不加工的外圆面 A 基本同轴，较好地保证了壁厚均匀。若选择孔 B 作为粗基准加工时（图 3 - 12(b)），加工余量均匀，但加工后内孔与外圆不同轴，壁厚不均匀。当零件有几个不加工面时，应选与加工面的相对位置要求高的不加工面为粗基准。

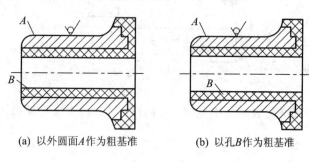

(a) 以外圆面 A 作为粗基准　　　　(b) 以孔 B 作为粗基准

图 3 - 12　铸件粗基准的选择

（2）合理分配加工余量。对于具有较多加工表面的工件，选择粗基准时，应考虑合理地分配各加工表面的加工余量。在加工余量的分配上应注意两点：

① 保证各主要加工表面都有足够的余量。为满足这个要求，应选择毛坯余量最小的表面作为粗基准。如图 3 - 13 所示的阶梯轴毛坯，毛坯大小头的同轴度误差为 $\phi 0.3$ mm，大头的最小加工余量为 8 mm，小头的最小加工余量为 5 mm，若以加工余量大的大头为粗基准先车小头，则小头可能会因加工余量不足而使工件报废。而以加工余量小的小头为粗基准先车大头，则大头的加工余量足够，经过加工的大头外圆与小头毛坯外圆基本同轴，再以经过加工的大头外圆为精基准车小头，小头的加工余量也就足够了。

② 对于工件上的某些重要表面（如导轨和重要孔等），为了尽可能使加工余量均匀，则应选择重要表面作为粗基准。如图 3 - 14 所示的车床床身，导轨表面是重要表面，要求耐磨性好，且在整个导轨表面内具有大体一致的力学性能。因此，加工时应选导轨表面作为粗基准加工床腿面（见图 3 - 14(a)），然后以床腿底面为基准加工导轨平面（见图3 - 14(b)）。

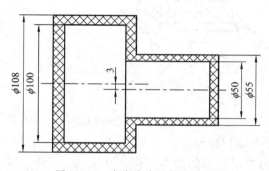

图 3 - 14　车床床身的粗基准选择

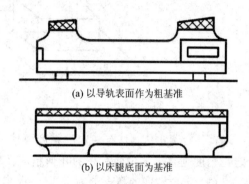

(a) 以导轨表面作为粗基准

(b) 以床腿底面为基准

图 3 - 13　阶梯轴毛坯粗基准的选择

（3）粗基准应避免重复使用。在同一尺寸方向上，粗基准只允许使用一次，以避免产生较大的定位误差。如图 3-15 所示的小轴加工，如重复使用 B 面去加工 A、C 面，则必然会使 A 面与 C 面的轴线产生较大的同轴度误差。

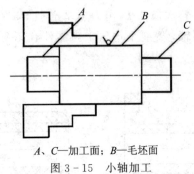

A、C—加工面；B—毛坯面

图 3-15　小轴加工

（4）所选作为粗基准的表面应平整，没有浇口、冒口和飞边等缺陷，以便定位准确，夹紧可靠。

3.4　工件定位及夹紧装置

3.4.1　工件定位的概念和定位的要求

1. 工件定位的概念

工件加工的尺寸、形状和表面间的相互位置精度是由刀具与工件的相对位置来保证的。加工前，确定工件在机床或夹具中的正确位置称为定位。在实际生产中，对定位的概念还要作一说明：

（1）工件的定位应该有一个实际的元件来限制它的位置，例如将工件直接装在机床的工作台上，它的上下位置就会由工作台限定，工作台就是一个实在的元件。而工件的前后、左右因为没有实在的元件去限制它，所以工件的前后、左右方向的位置就没有定位。如果在工作台上装上两个互相垂直的定位板，如图 3-16 所示，则工件的前后、左右方向就定位了。

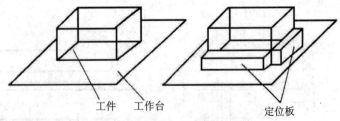

工件　工作台　　　　定位板

图 3-16　定位元件对工件的定位

（2）所谓定位，是有一定的精度要求的。如果定位精度较低，只能是粗定位。而高的定位精度则要求定位面有高的几何精度及较小的表面粗糙度。

（3）定位精度的概念通常是指一批零件的限定位置的分布范围。对于某一个零件来说，它的定位精度是某一个数值；对于另一个零件来说，它的精度可能是另一个数值。但对于一批零件来说，它的定位精度是一个误差的分布带。例如，一个工件的位置是通过其上的孔与夹具上的定位销相配合来决定的，如图 3-17 所示，在水平面上的定位精度则是两倍的配合间隙。

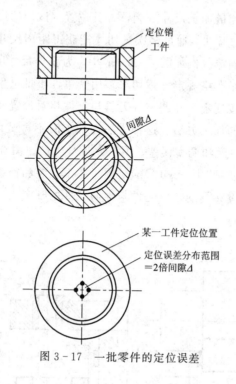

图 3-17　一批零件的定位误差

2. 工件定位的要求

（1）为了保证加工表面与其设计基准间的相对位置精度（同轴度、平行度、垂直度等），工件定位时应使加工表面的设计基准相对于机床占据一个正确的位置。

如图 3-18(a)所示的零件，为了保证加工外圆表面 φ40h6 的径向跳动要求，工件定位时必须使其设计基准（内孔轴线 OO）与机床主轴的回转轴心线 O_1O_1 重合，见图 3-18(a)；对于图 3-18(b)所示的零件，为了保证加工面 E 与其设计基准 A 的平行度要求，工件定位时必须使设计基准 A 与机床工作台的纵向直线运动方向相平行，见图 3-18(b)；加工孔时为了保证孔与其设计基准（底面 B）的垂直度要求，工件定位时必须使设计基准 B 面与机床主轴轴心线垂直，见图 3-18(c)。

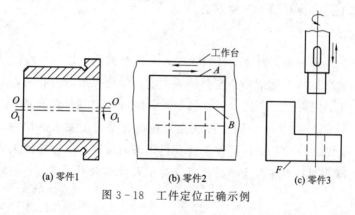

(a) 零件1　　　　(b) 零件2　　　　(c) 零件3

图 3-18　工件定位正确示例

（2）为了保证加工表面与设计基准间的距离尺寸精度，当采用调整法进行加工时，位于机床或夹具上的工件相对于刀具必须有一个确定的位置。

表面间距离尺寸精度的获得通常有两种方法：试切法和调整法。

试切法是通过试切→测量加工尺寸→调整刀具位置→试切的反复过程来获得尺寸精度的。这种方法使用在加工过程中，通过多次试切才能获得距离尺寸精度，所以加工前工件相对于刀具的位置可不必确定。例如图 3-19(a)中，为获得尺寸 l，加工前工件在三爪自定心卡盘中的轴向位置不必严格规定。试切法多用于单件小批量生产。

调整法是一种加工前按规定尺寸调整好刀具与工件相对位置及进给行程，从而保证在加工时自动获得所需尺寸的加工方法。这种方法在加工时不再试切，生产效率高，其加工精度决定于机床、夹具的精度和调整误差，用于大批量生产。图 3-19 中给出了按调整法获得距离尺寸精度的两个实例，图 3-19(b)是通过三爪反装和挡铁来确定工件与刀具的相对位置；图 3-19(c)是通过夹具的定位元件与导向元件的既定位置来确定工件与刀具的相对位置。

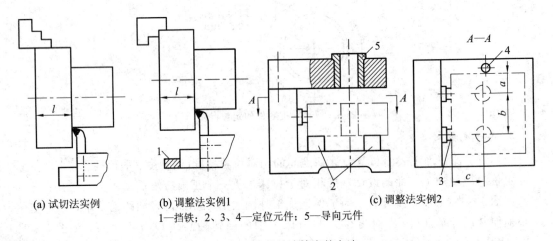

(a) 试切法实例　　(b) 调整法实例1　　　　　　　　　　(c) 调整法实例2
1—挡铁；2、3、4—定位元件；5—导向元件

图 3-19　获得尺寸精度的方法

3.4.2　工件定位的方法

工件在机床上的定位有如下三种方法。

1. 直接找正法

直接找正法是用百分表、划针或目测在机床上直接找正工件，使其获得正确位置的一种装夹方法。例如在磨床上磨削一个与外圆表面有同轴度要求的内孔时，加工前将工件装在四爪单动卡盘上，用百分表直接找正外圆表面，即可获得工件的正确位置，见图 3-20(a)。又如在牛头刨床上加工一个同工件底面及侧面有平行度要求的槽时，用百分表找正工件的右侧面，见图 3-20(b)，即可使工件获得正确的位置。用直接找正法装夹工件时找正面即为定位基准。直接找正法生产效率低，对工人技术水平要求高，一般用于单件小批量生产。

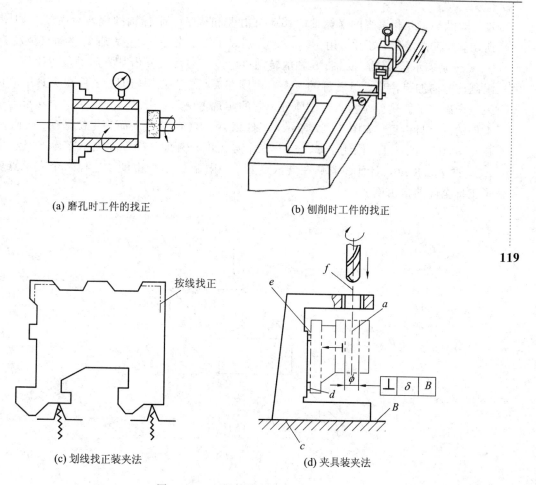

(a) 磨孔时工件的找正

(b) 刨削时工件的找正

(c) 划线找正装夹法

(d) 夹具装夹法

图 3 - 20　工件定位的方法

2. 划线找正法

划线找正法是先在毛坯上按照零件图划出中心线、对称线和各待加工表面的加工线，然后将工件装在机床上，按照划好的线找正工件在机床上的装夹位置，如图 3 - 20(c)所示。此时用于找正的划线即为定位基准。

由于受到划线精度及找正精度的限制，此法多用于生产批量较小、毛坯精度较低以及大型零件等不便于使用夹具的粗加工中。

3. 用夹具定位

用夹具定位是指用夹具上的定位元件使工件获得正确位置的一种方法。如图 3 - 20(d)所示，此时工件与定位元件相接触的面即为定位基准。夹具装夹定位迅速方便，生产率高，定位精度高；但需设计、制造专用夹具，广泛用于成批生产和大量生产中。

3.4.3　定位原理

1. 六点定位原理

任何一个尚未定位的工件，在空间直角坐标系中都可看成是自由物体，具有六个自由度，即沿三个互相垂直的坐标轴的移动自由度和绕三个坐标轴的旋转自由度。如图3-21所示，在工件定位分析中，用 $\vec{x}$、$\vec{y}$、$\vec{z}$ 分别表示沿 x 轴、y 轴、z 轴的移动自由度，用 $\hat{x}$、$\hat{y}$、$\hat{z}$ 分别表示绕 x 轴、y 轴、z 轴的转动自由度。要使工件沿某方向的位置确定，就必须限制该方向的自由度。当工件的六个自由度在夹具中都被限定时，工件在夹具中的位置就被完全确定了。这就是六点定位原理。它的实现方法是：用适当分布的六个支承点来限制工件的六个自由度，如图3-22所示，工件以 A、B、C 三个平面为定位基准，底面 A 紧贴在支承点 1、2、3 上，限制了 $\vec{z}$、$\hat{x}$、$\hat{y}$ 三个自由度，侧面 B 紧贴在支承点 4、5 上，限制了 $\vec{x}$、$\hat{z}$ 两个自由度，端面 C 紧贴在支承点 6 上，限制了 $\vec{y}$ 自由度。这样六个支承点就限制了工件全部的自由度。

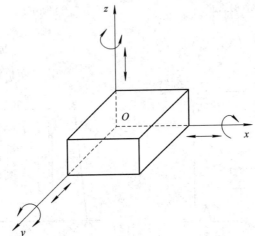

图 3-21　工件的六个自由度

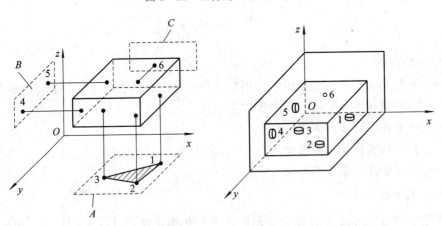

图 3-22　六点定位原理

2. 应用六点定位原理时应注意的问题

在应用六点定位原理时，应注意以下几个问题。

1) 正确的定位

工件正确的定位是指工件定位面与夹具定位元件的定位工作面相接触或配合来限制工件的自由度，二者一旦脱离接触或配合，则定位元件就丧失了限制工件自由度的作用。

2）定位方式

按照限制工件自由度数目的不同，工件定位方式可分为：完全定位、不完全定位、欠定位和过定位。

（1）完全定位：工件的六个自由度全被限制的定位状态，称为完全定位。如图 3 - 22 所示即为完全定位。一般工件在三个方向上都有尺寸要求时，要用此方式定位。

（2）不完全定位：工件被限制的自由度数目少于六个，但能保证加工要求时的定位状态。

（3）欠定位：是指工件实际定位所限制的自由度少于按其加工要求所必须限制的自由度时的定位状态。由于应限制的自由度未被限制，必然无法保证工序所规定的加工要求，因此欠定位在生产中是不允许的。

（4）过定位：定位元件重复限制工件同一自由度的定位状态称为过定位。这种定位状态是否允许采用，主要从它产生的后果来判断。当过定位导致工件或定位元件变形，工件与定位元件干涉，明显影响工件的定位精度时，不能采用。如图 3 - 23(a)所示的加工连杆小头孔的定位方案中，平面支承 2 限制 $\vec{z}$、$\hat{x}$、$\hat{y}$ 三个自由度，短圆柱销 1 限制 $\vec{x}$、$\vec{y}$ 两个自由度，挡销 3 限制 $\vec{z}$ 自由度，从而实现完全定位。若将销 1 改成长圆柱销 1′，因其限制工件的 $\vec{x}$、$\vec{y}$、$\hat{x}$、$\hat{y}$ 四个自由度，从而引起 $\hat{x}$、$\hat{y}$ 两个自由度被重复限制，形成过定位，造成工件定位时出现如图 3 - 23(b)所示的不确定情况。更严重的后果是发生在施加夹紧力后，使连杆产生弹性变形。如图 3 - 23(c)所示，加工完毕松夹后，工件变形恢复，就形成加工表面严重的位置或形状误差。

121

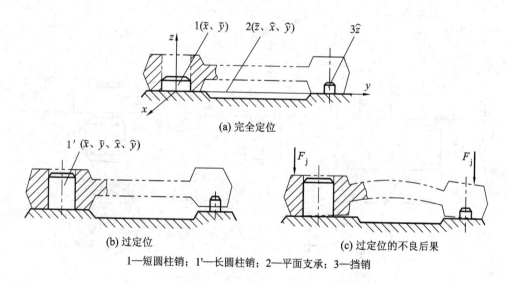

(a) 完全定位

(b) 过定位　　　　　　　　　　(c) 过定位的不良后果

1—短圆柱销；1′—长圆柱销；2—平面支承；3—挡销

图 3 - 23　连杆定位分析

实际生产中，在采取适当工艺措施的情况下，可利用过定位来提高定位刚度，这就是过定位的合理应用。仍以图 3 - 23 为例来进行说明，若连杆大头孔与端面的垂直度误差很小，长销与台阶面的垂直度误差也很小，此时就可利用大头孔与长销的配合间隙来补偿这种较小的垂直度误差，并不致引起相互干涉仍能保证连杆端面与平面支承的可靠接触，就不会产生图 3 - 23(b)的定位不确定情况，也不会造成图 3 - 23(c)夹紧后的严重变形，因而是允许采用的。采用这种方式定位时，由于整个端面接触，增强了切削时的刚度和定位稳定性，而且用长圆柱销定位大头孔，有利于保证被加工孔相对大头孔轴线的平行。

常用的处理过定位的方法有两种：

① 适当提高定位基准之间以及定位元件工作表面之间的位置精度（但要考虑工艺的可行性和经济合理性），使产生的误差在允许范围内。

② 酌情改变重复定位元件的结构，以降低或消除过定位的干扰作用，这种方法实质上已不是过定位了。

3.4.4 常用的定位元件

1. 工件以平面定位

1）固定支承

固定支承有支承钉和支承板两种形式。在使用过程中，它们是固定不变的。

（1）支承钉。图 3-24 所示是标准支承钉结构（JB/T 8029.2—1999），A 型是平头支承钉，用于定位加工过的精基准；B 型是球头支承钉，用于定位未加工毛坯的粗基准；C 型是齿纹面支承钉，常用于侧面定位以增大摩擦力。一般一个支承钉只限制一个自由度，因此一个毛坯平面只能用三个球头支承钉定位，以保证接触点确定，使其定位稳定。若工件是以加工过的平面为定位基准，则可用三个或更多的平头支承钉定位。但必须保证这几个平头支承钉的定位工作面位于同一平面内，否则，就会使各支承钉不能全部与工件接触，造成定位不稳定。

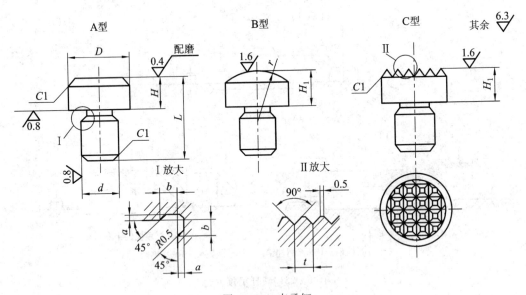

图 3-24　支承钉

（2）支承板。图 3-25 所示为标准支承板结构（JB/T 8029.1-1999），用于定位精基准平面。A 型支承板结构简单，制造容易，但孔边切屑不易清除，故适用于侧面及顶面定位。B 型因开有斜槽，容易清除切屑，易保证工作面清洁，故适用于底面定位。

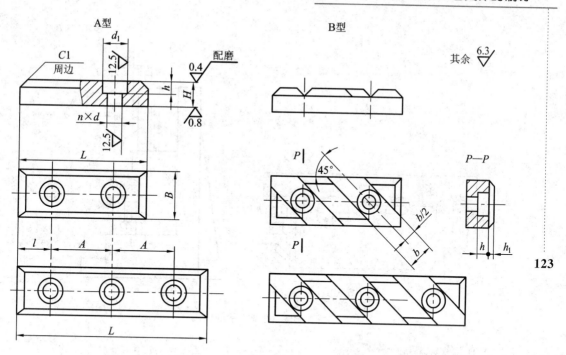

图 3 - 25　支承板

2）可调支承

支承点位置可以调整的支承为可调支承，图 3 - 26 所示为几种常用的可调支承。调整时要先松后紧，调好后用防松螺母锁紧。可调支承主要用于工件以粗基准面定位或定位基面的形状复杂（如成型面、台阶面等），以及各批毛坯的尺寸、形状变化较大时的情况。如图 3 - 27(a) 所示的工件，毛坯为砂型铸件，先以 B 面定位铣 A 面，再以 A 面定位镗双孔。铣 A 面时，若采用固定支承，由于定位基面 B 的尺寸和形状误差较大，铣完后 A 面与两毛坯孔（图中虚线）的距离尺寸 H_1、H_2 变化也较大，致使镗孔时余量很不均匀，甚至余量不够。因此，固定支承必须改为可调支承，再根据每批毛坯的实际误差大小调整支承钉的高度，就可避免上述情况发生。图 3 - 27(b) 所示为利用可调支承加工不同尺寸的相似工件。可调支承在一批工件加工前调整一次，在同一批工件加工中保持不变，其作用与固定支承相同。

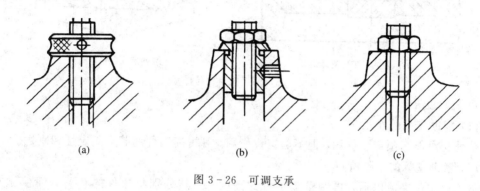

(a)　　　　　　　　　　(b)　　　　　　　　　　(c)

图 3 - 26　可调支承

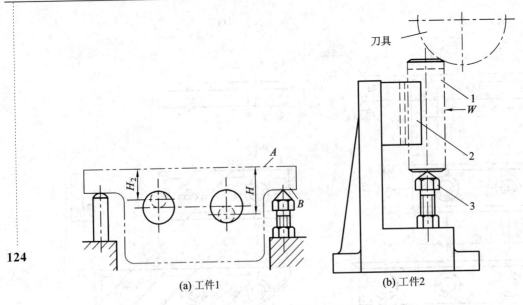

(a) 工件1   (b) 工件2

图 3-27　可调支承的应用

3）自位支承

在工件定位过程中，能自动调整位置的支承称为自位支承（也称浮动支承）。图 3-28 所示为两点式自定位支承。这类支承的特点是：支承点的位置能随着工件定位基准面的不同而自动调节，工件定位基面压下其中一点，其余点便上升，直至各点都与工件接触。接触点数的增加提高了工件的装夹刚度和稳定性，但其作用仍相当于一个固定支承，只限制工件的一个自由度。

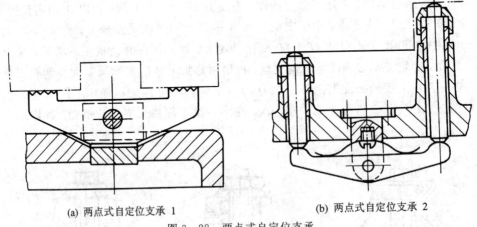

(a) 两点式自定位支承 1　　　　(b) 两点式自定位支承 2

图 3-28　两点式自定位支承

4）辅助支承

(1) 辅助支承的作用。

辅助支承能起预定位作用，但不起定位作用，可提高工件的装夹稳定性和刚性。

(2) 辅助支承的工作特点。

待工件定位夹紧以后，再调整支承钉的高度，使其分别与工件的有关表面接触并锁紧。每安装一个工件就调整一次辅助支承。

（3）辅助支承的典型结构。

常用的辅助支承如图 3-29 所示。

图 3-29(a)所示为螺旋式辅助支承，使用此类辅助支承加工工件时，应在工件装夹前，先调节辅助支承至最低位置，等工件装夹后再将其向上调节至与工件接触。加工完毕时，又必须把辅助支承重新调至最低位置，待第二个工件装夹后，再把辅助支承向上调节至与工件接触，如此反复直到一批工件加工完毕。因此，这种辅助支承操作麻烦，效率低。

图 3-29(b)所示为自位式辅助支承，支承 1 在弹簧 4 的作用下始终与工件接触，转动手柄 3 使顶柱 2 将支承 1 锁紧。

图 3-29(c)所示为推引式辅助支承，工件夹紧后转动手轮 7 使斜楔 6 左移推动滑销 5 与工件接触，继续转动手轮 7 可使斜楔 6 的开槽部分涨开而锁紧。

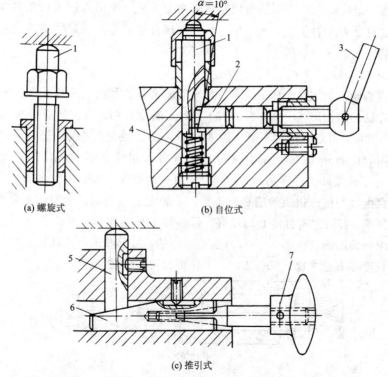

(a) 螺旋式　　　　(b) 自位式

(c) 推引式

1—支承；2—顶柱；3—手柄；4—弹簧；5—滑销；6—斜楔；7—手轮

图 3-29　辅助支承

2. 工件以圆孔定位

工件以圆孔表面作为定位基面时，常用到以下定位元件：

1）圆柱定位销

图 3-30 所示为常用圆柱定位销结构。当工件直径小于 10 mm 时，为避免销子因撞击而折断，或热处理淬裂，通常将根部倒出圆角 R，应用时在夹具体上锪出沉孔，使定位销圆角部分沉入孔内而不影响定位，如图 3-30(a)所示。大批量生产时，为了便于更换定位销可采用如图 3-30(d)所示的带衬套结构。圆柱定位销的工作部分直径通常根据加工要求按 g5、g6、f6、f7 制造，定位销与夹具体的配合可参考相关标准。

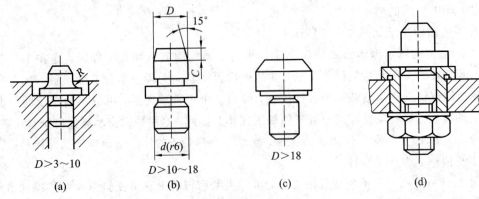

图 3-30 圆柱定位销

126

此外，圆柱定位销有长定位销与短定位销之分，长定位销限制工件的四个自由度，短定位销限制工件的两个自由度。长、短定位销的区分主要是根据定位销的定位工作面与基准孔接触的相对长度来划分的。

2）圆柱定位心轴

圆柱定位心轴主要用在车床、铣床、磨床上加工套类和盘类零件。图 3-31 所示为几种常用圆柱心轴的结构形式。图 3-31（a）为间隙配合心轴，定位孔直径按 h6、g6、f7 制造，装卸工件方便，但定心精度不高。图 3-31（b）为过盈配合心轴，适用于加工工件外圆及端面。它由导向部分 3、工作部分 2 和安装部分 1 组成。当工件孔的长度与直径之比 $L/d > 1$ 时，为了使装卸工件容易，工作部分应有一定锥度。安装部分由同轴度极高的两顶尖孔及与拨盘配套和传递扭矩的削扁方组成。心轴上的凹槽是供车削端面时退刀用的。这种心轴结构简单，容易制造且定心精度高，但装卸工件不便，易损伤工件定位孔。多用于定心精度要求较高的场合。图 3-31（c）是花键心轴，用于加工以花键孔定位的工件。当工件定位孔的长度与直径之比 $L/d > 1$ 时，工作部分可稍带锥度。

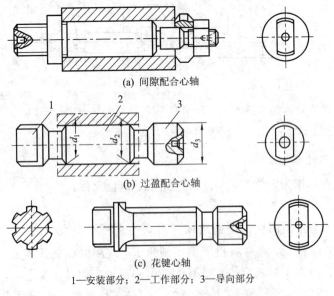

(a) 间隙配合心轴

(b) 过盈配合心轴

(c) 花键心轴

1—安装部分；2—工作部分；3—导向部分

图 3-31 圆柱心轴

　　3）小锥度心轴

　　小锥度心轴如图 3－32 所示，这种心轴的定心精度较高，可达 φ0.01～φ0.02 mm，但轴向位移误差较大，工件易倾斜，故不宜加工端面。小锥度心轴是以工件孔和心轴工作面的弹性变形来夹紧工件的，故传递扭矩较小，装卸工件不便。一般只用于定位孔的精度不低于 IT7 的精车和精磨加工。小锥度心轴的设计主要是确定锥度 k 及其结构尺寸。一般来说，基准孔的精度一定时，选择的锥度 k 越小，定心精度越高，且夹紧越可靠，但轴向位移误差较大，选择较大的 k 值，轴向可得到较小的误差，但工件易倾斜。所以在确定 k 值时要兼顾工件的轴向倾斜和定心精度两方面的要求，通常推荐 $k=1/3000～1/8000$；一般情况下，工件长度与直径之比较小时，为了防止工件倾斜，k 取小值，工件长度与直径比较大时，k 取大值，心轴结构尺寸的确定可查阅国家标准。

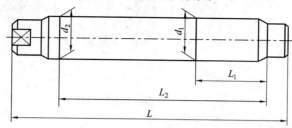

图 3－32　小锥度心轴

　　4）圆锥定位销

　　图 3－33 所示为工件以圆孔在圆锥销上的定位示意图。它限制了工件的 $\vec{x}$、$\vec{y}$、$\vec{z}$ 三个自由度，锥销与圆孔沿孔口接触，孔口的形状直接影响接触情况，从而影响定位精度。图 3－33(a)所示为整体圆锥销，适应于加工过的圆孔，若圆孔是毛坯孔，由于孔的误差大，为保证二者接触均匀，采用如图 3－33(b)所示的结构。

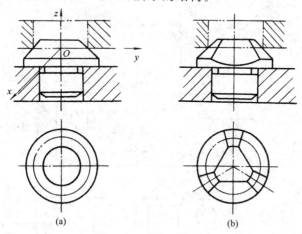

(a)　　　　　　　　　　　　(b)

图 3－33　圆锥销定位

3. 工件以外圆柱面定位

以外圆柱面定位工件时，常用的定位元件有 V 形块、定位套和半圆套等。

1）V 形块

（1）V 形块的典型结构。

图 3－34 所示为常用 V 形块。图 3－34(a)是用于精基准的短 V 形块；图 3－34(b)是

用于精基准的长 V 形块；图 3-34(c)是用于粗基准的长 V 形块，也可定位两段精基准外圆相距较远的阶梯轴；图 3-34(d)为大重量工件用镶淬硬垫块或镶硬质合金 V 形块。采用这种结构除制造经济性良好外，又便于 V 形块定位工作面磨损后更换，还可通过更换不同厚度的垫块以适应不同直径的工件定位，使结构通用化。

　　长、短 V 形块是按照 V 形块量棒和 V 形块定位工作面的接触长度 L 与量棒直径 d 之比来区分的，即 $L/d \ll 1$ 时为短 V 形块，限制工件两个自由度；$L/d \gg 1$ 时为长 V 形块，限制工件四个自由度。

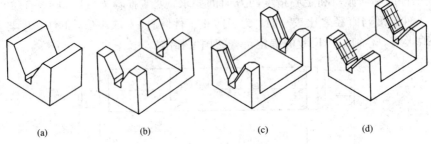

(a)	(b)	(c)	(d)

图 3-34　V 形块的典型结构

　　(2) V 形块的结构参数。

　　标准 V 形块(JB/T 8018.1 — 1999)的结构参数见图 3-35。V 形块在夹具上调整好位置后用螺钉紧固并配作两个销孔，用两个定位销定位。两斜面的夹角 α 有 60°、90°、120°三种，其中以 90°应用最广。标准 V 形块是根据工件定位面外圆直径来选取的。设计非标准 V 形块时可参考标准 V 形块的结构参数。

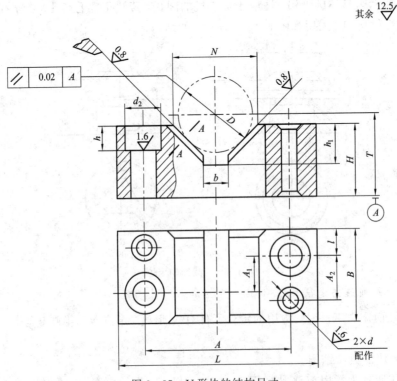

图 3-35　V 形块的结构尺寸

（3）V 形块的定位特性。

① V 形块定位的最大优点是对中性好，它可使一批工件的定位基准轴线始终对中在 V 形块两斜面的对称面上，而不受定位基准直径误差的影响。

② V 形块定位的另一个特点是无论定位基准是否经过加工，是完整的圆柱面还是局部的圆弧面，都可以采用 V 形块定位。因此在以外圆柱面定位时，V 形块是用得最多的定位元件。

③ V 形块以两斜面与工件的外圆接触起定位作用。工件的定位面是外圆柱面，但其定位基准是外圆轴线，即 V 形块起定心作用。这个概念对分析 V 形块的定位误差有着重要意义。

④ V 形块的位置是用理论圆来标注的。如图 3 - 36(a)所示的夹具简图中要保证 V 形块 1 与定位支承 2 的相对尺寸 $h \pm \Delta h$，以实现定位要求。这时 V 形块的高度位置是以与其相切的圆 3 的轴线来表示的，这个圆称为 V 形块的理论圆。理论圆的直径尺寸等于工件定 **129** 位外圆直径的平均尺寸，它是一个常量。

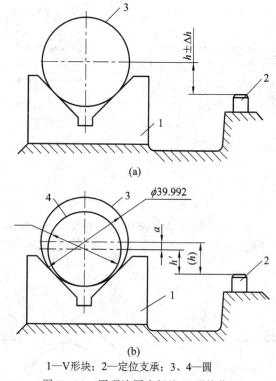

1—V形块；2—定位支承；3、4—圆

图 3 - 36　用理论圆来标注 V 形块位置

设用 $\alpha = 90°$ 的 V 形块定位一批外圆直径为 $\phi = 40_{-0.016}^{0}$ mm 的工件，则 V 形块的理论圆直径尺寸为 $\phi39.992$ mm，见图 3 - 36(b)。在夹具装配检验中，通常采用测量心轴使理论圆具体化，以便直接测量 V 形块的位置尺寸 h。但这往往要为此专门制造一根非标准尺寸的专用测量心轴，因而很不经济。所以夹具图上实际标注的不是直接按图 3 - 36(a)那样以理论圆轴线来标注的 $h \pm \Delta h$ 尺寸，而是按采用标准尺寸的测量心轴轴线来标注的位置尺寸。因此，必须根据实际采用的测量心轴的直径修正原来以理论圆为出发点计算的 $h \pm \Delta h$ 尺寸。设已知标准尺寸的测量心轴直径为 $\phi36$ mm，则根据图 3 - 36(b)所示的几何关

系可知尺寸的修正值 a 为

$$a = \frac{39.992 - 36}{2} \times \frac{1}{\sin(\alpha/2)} = \frac{3.992}{2} \times \frac{1}{\sin(90°/2)} 2.823 \ (\text{mm})$$

由 $\phi36$ mm 标准测量心轴轴线到定位支承 2 的距离尺寸 h' 为

$$h' = h - 2.823 \ \text{mm}$$

(4) 活动 V 形块与固定 V 形块。

V 形块还有固定式和活动式之分。固定式 V 形块通过定位销连接在夹具体上,活动 V 形块主要用来消除过定位。

2) 定位套

工件以外圆柱面定位时,也可采用图 3-37 所示的定位套。图 3-37(a) 为短定位套,限制工件两个自由度,图 3-37(b) 为长定位套,限制工件四个自由度。定位套结构简单,容易制造,但是定心精度不高,一般适用于精基准定位。长短定位套的区分与长短 V 形块的区分相同。

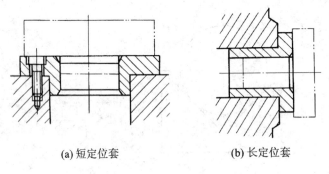

(a) 短定位套　　　　　　　(b) 长定位套

图 3-37　定位套

3) 半圆套

图 3-38 所示为两种结构的半圆套定位装置,主要用于大型轴类工件及不便进行轴向装夹的工件的定位。工件定位面精度应不低于 IT8~IT9,上面的半圆套 1 起夹紧作用,下面的半圆套 2 起定位作用。

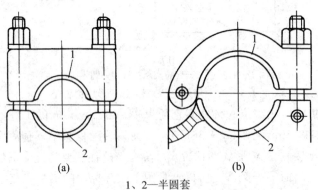

(a)　　　　　　　　　　(b)

1、2—半圆套

图 3-38　定位套

常见定位元件及其组合所能限制的自由度见表 3-6。

表 3 - 6　常见定位元件所能限制的自由度

工件定位基准面	定位元件	定位方式简图	定位元件特点	限制的自由度
平面 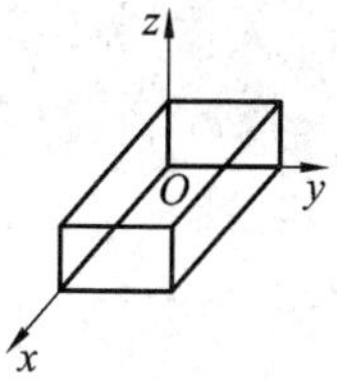	支承钉	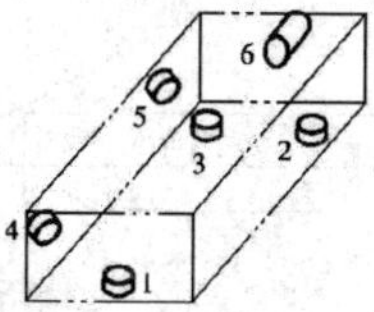	一般一个支承钉只限制一个自由度	$1、2、3—\vec{z}、\hat{x}、\hat{y}；4、5—\vec{y}、\hat{z}；6—\vec{x}$
	支承板	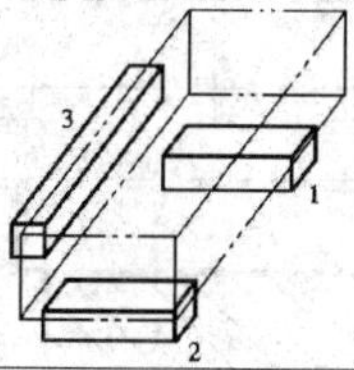	每个支承板也可设计成两个以上小支承板	$1、2—\vec{z}、\hat{x}、\hat{y}；3—\vec{y}、\hat{z}$
	固定支承与浮动支承	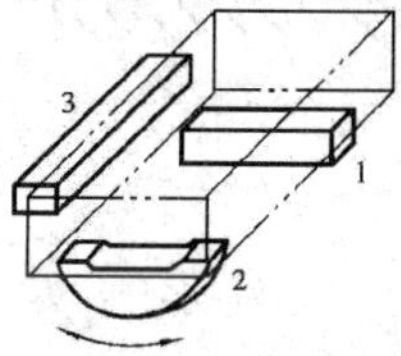	1、3—固定支承；2—浮动支承	$1、2—\vec{z}、\hat{x}、\hat{y}；3—\vec{y}、\hat{z}$
	固定支承与辅助支承	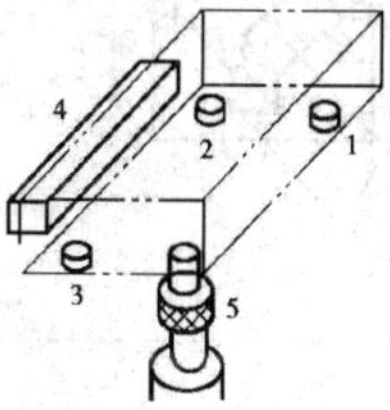	1、2、3、4—固定支承；5—辅助支承	$1、2、3—\vec{z}、\hat{x}、\hat{y}；4—\vec{y}、\hat{z}；5—$增强刚性，不限制自由度
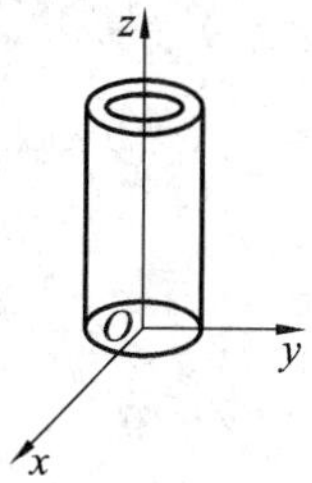 锥销	定位销（心轴）	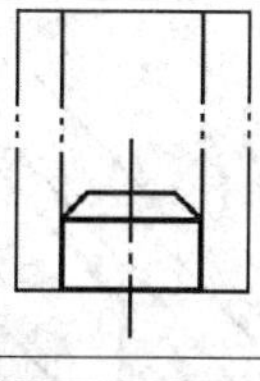	短销（短心轴）	$\vec{x}、\vec{y}$
		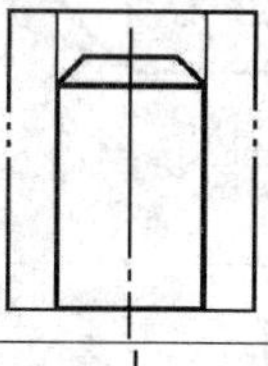	长销（长心轴）	$\vec{x}、\vec{y}$ $\hat{x}、\hat{y}$
	锥销	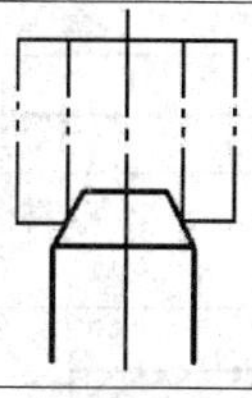	单锥销	$\vec{x}、\vec{y}、\vec{z}$
		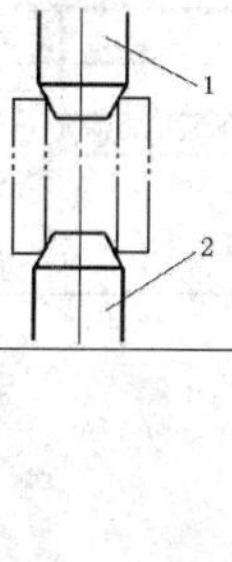	1—固定销；2—活动销	$\vec{x}、\vec{y}、\vec{z}$ $\hat{x}、\hat{y}$

131

工件定位基准面	定位元件	定位方式简图	定位元件特点	限制的自由度
外圆柱面	支承板 或 支承钉		短支承板或 支承钉	$\vec{z}$
			长支承板 或 2 个支承钉	$\vec{z}$、$\hat{y}$
	V 形块		短 V 形块	$\vec{y}$、$\vec{z}$
			长 V 形块	$\vec{y}$、$\vec{z}$ $\hat{x}$、$\hat{y}$
	定位套		短套	$\vec{y}$、$\vec{z}$
			长套	$\vec{y}$、$\vec{z}$ $\hat{y}$、$\hat{z}$

3.4.5　夹紧装置的组成及常用的夹紧机构

1. 夹紧装置的组成

如图 3-39 所示,夹紧装置主要由力源装置、中间传动机构和夹紧元件三个部分组成。

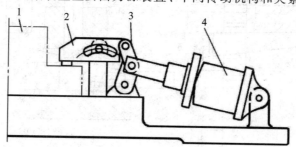

1—工件；2—夹紧元件；3—中间传动机构；4—力源装置

图 3-39　夹紧装置结构图

1) 力源装置

力源装置是产生夹紧原始作用力的装置,对于机动夹紧机构,力源装置通常指气动、液动、电力等动力装置。

2) 中间传动机构

中间传动机构是把力源装置产生的力传给夹紧元件的中间机构,它可以起到如下的作用:

(1) 改变作用力的方向。如图 3-39 所示,气缸内作用力的方向通过铰链杠杆机构后改变为垂直方向的夹紧力。

(2) 改变作用力的大小。为了把工件牢固地夹住,有时需要较大的夹紧力,这时可利用中间传动机构(如斜楔、杠杆等)改变作用力的大小,以满足夹紧工件的需要。

(3) 自锁作用。在力源消失之后,工件仍能得到可靠的夹紧。

3) 夹紧元件

夹紧元件是夹紧装置的最终执行元件,它与工件直接接触,把工件夹紧。

4) 夹紧装置的基本要求

(1) 夹紧过程中,不能改变工件定位后所占据的正确位置。

(2) 夹紧力的大小要适当,既要保证工件在整个加工过程中位置稳定不变,又要保证工件不产生明显的变形或损伤工件表面。

(3) 工艺性要好,夹紧装置的结构力求简单,便于制造、调整和维修。

(4) 夹紧装置的操作应当方便,夹紧迅速,安全省力。

2. 常用的夹紧机构

1) 斜楔夹紧机构

利用斜面直接或间接夹紧工件的机构称为斜楔夹紧机构,图 3-40 所示为几种斜楔夹紧机构的应用实例。图 3-40(a)是在工件上钻出尺寸为 $\phi 8$ mm 和 $\phi 5$ mm 并互相垂直的两组孔。工件装入后,敲击斜楔大头,夹紧工件。加工完毕时,敲击小头,松开工件。由于用斜楔直接夹紧工件,工件的夹紧力较小,且操作费时费力,故实际生产中多数情况将斜楔与其他机构联合使用。图 3-40(b)是斜楔与滑柱组成的夹紧机构,图 3-40(c)是由端面斜楔与压板组合而成的夹紧机构。

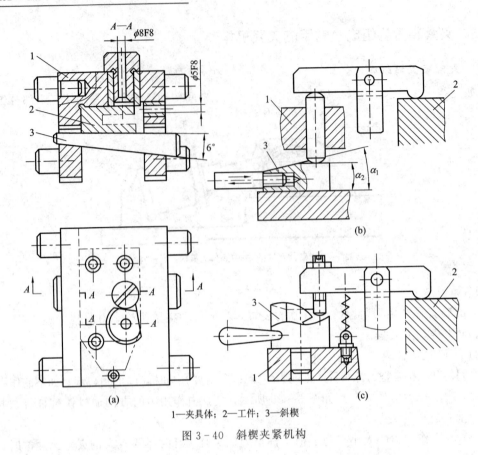

1—夹具体；2—工件；3—斜楔

图 3-40　斜楔夹紧机构

2）螺旋夹紧机构

由螺钉、螺母、垫圈、压板等元件组成的夹紧机构称为螺旋夹紧机构。螺旋夹紧机构结构简单，夹紧可靠，通用性大，自锁性能好，夹紧力和夹紧行程较大，目前在夹具中得到广泛应用。

（1）单个螺旋夹紧机构。直接用螺钉和螺母夹紧工件的机构称为单个螺旋夹紧机构，如图 3-41 所示。图 3-41(a)中，用螺钉头部直接夹紧工件，容易损伤受压表面，并在旋紧螺钉时易引起工件转动，因此常在螺钉头部装上可以摆动的压块（见图 3-41(b)），以防止发生上述现象。

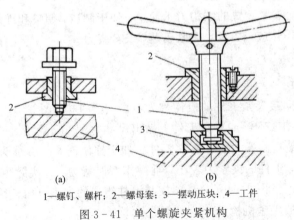

1—螺钉、螺杆；2—螺母套；3—摆动压块；4—工件

图 3-41　单个螺旋夹紧机构

标准压块的结构有 A 型和 B 型两种(见图 3-42)，A 型用于已加工表面，B 型用于夹紧毛坯的粗糙表面。

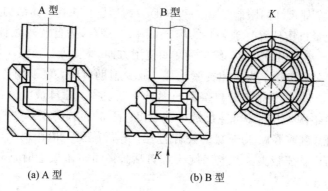

(a) A 型　　　　　　　　(b) B 型

图 3-42　摆动压块

(2) 螺旋压板夹紧机构。螺旋压板夹紧机构是结构形式变化最多的夹紧机构，也是应用最广的夹紧机构，图 3-43 所示为常用的五种典型结构。

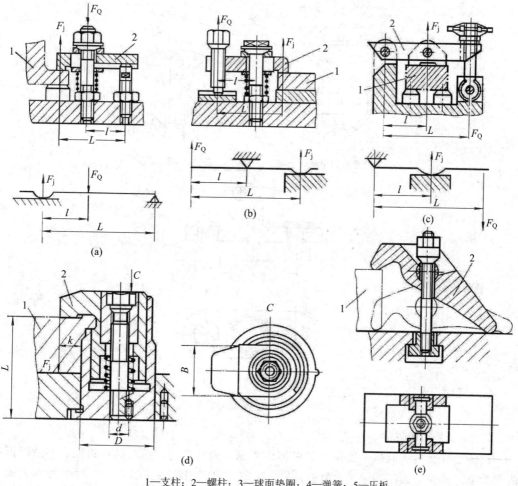

1—支柱；2—螺柱；3—球面垫圈；4—弹簧；5—压板

图 3-43　螺旋压板夹紧机构

图3-43(a)、(b)为移动压板，图(a)为减力但增加夹紧行程的组合结构；图(b)为不增力但可改变夹紧力方向的组合结构；图3-43(c)是采用铰链的压板增力机构，减小了夹紧行程，但使用上受工件尺寸的限制；图3-43(d)为钩形压板机构，其结构紧凑，使用方便，适用夹具上安装夹紧机构位置受到限制的场合；图3-43(e)为自调式压板，它能适应工件高度在0～200 mm范围内的变化，结构简单，使用方便。

（3）快速螺旋夹紧机构。为迅速夹紧工件，减少辅助时间，可采用各种快速的螺旋夹紧机构。图3-44(a)所示为带有开口垫圈的螺母夹紧机构，螺母最大外径小于工件孔径，松开螺母取下开口垫圈，工件即可穿过螺母被取出；图3-44(b)所示为快卸螺母结构，螺孔内钻有光滑斜孔，其直径略大于螺纹公称直径，螺母旋出一段距离后，就可取下螺母；图3-44(c)所示为回转压板夹紧机构，旋松螺钉后，将回转压板逆时针转过适当的角度，工件便可从上面取出。

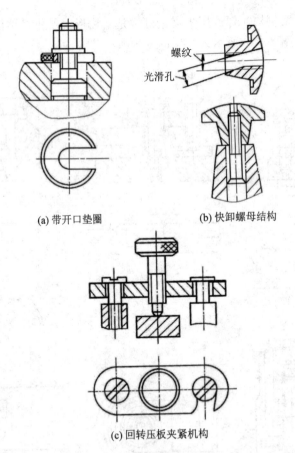

(a) 带开口垫圈　　　　(b) 快卸螺母结构

(c) 回转压板夹紧机构

图3-44　快速螺旋夹紧机构

3）偏心夹紧机构

用偏心件直接或间接夹紧工件的机构称为偏心夹紧机构。偏心件有圆偏心和曲线偏心两种类型。圆偏心因结构简单，制造容易，在夹具中应用较多。图3-45所示为常见的几种圆偏心夹紧机构。图3-45(a)、(b)采用的是圆偏心轮，图3-45(c)采用的是偏心轴，图3-45(d)采用的是有偏心圆弧的偏心叉。

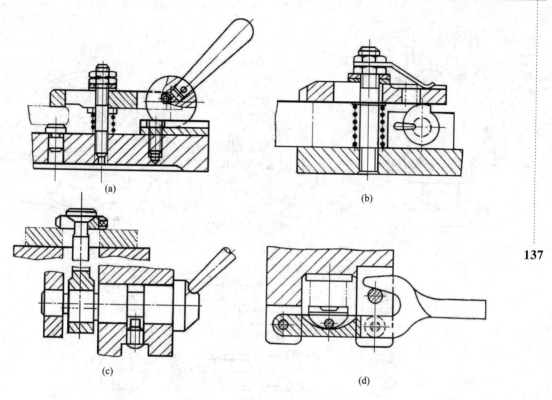

图 3-45　偏心夹紧机构

3.4.6　常用的数控夹具

数控加工常用的夹具有以下几种。

1. 通用夹具

通用的装夹工具或能装加工件的机床附件，如各种虎钳、分度头、中心架、心轴、三爪卡盘、四爪卡盘、回转工作台等，如图 3-46～图 3-52 所示。

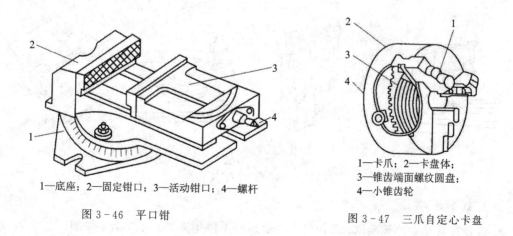

1—底座；2—固定钳口；3—活动钳口；4—螺杆

图 3-46　平口钳

1—卡爪；2—卡盘体；
3—锥齿端面螺纹圆盘；
4—小锥齿轮

图 3-47　三爪自定心卡盘

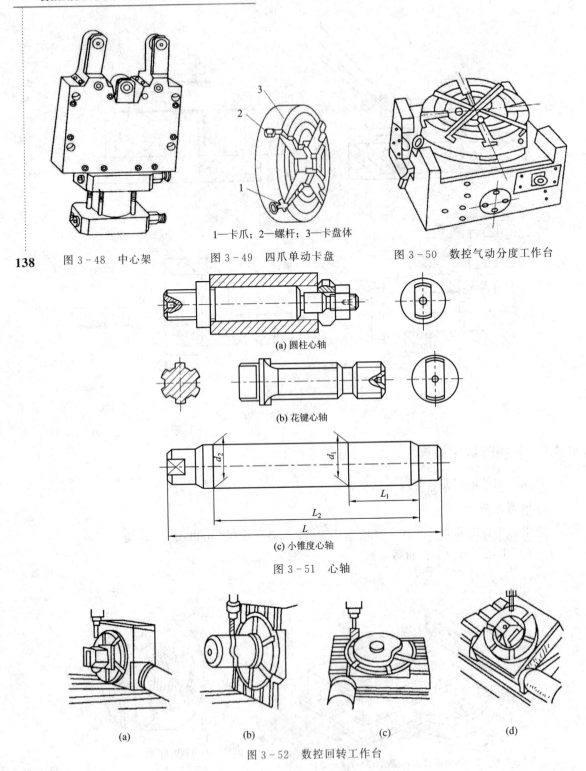

图 3-48　中心架　　　　　图 3-49　四爪单动卡盘　　　图 3-50　数控气动分度工作台

1—卡爪；2—螺杆；3—卡盘体

(a) 圆柱心轴

(b) 花键心轴

(c) 小锥度心轴

图 3-51　心轴

(a)　　　　　　　(b)　　　　　　　(c)　　　　　　　(d)

图 3-52　数控回转工作台

2. 组合夹具

组合夹具是一种标准化、系列化程度很高的柔性化夹具，可根据工件加工要求组装成各种功能的夹具，用完即可拆卸，留待组装新的夹具。因此组合夹具在单件，中、小批多品种生产和数控加工中,是一种较经济的夹具。在数控机床上常用的是孔系组合夹具(见图 3－53)和槽系组合夹具(见图 3－54)。

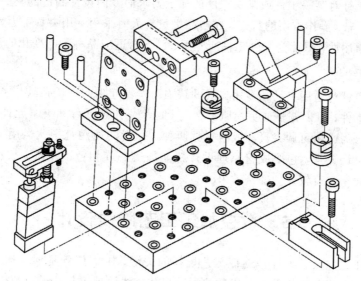

图 3－53 孔系组合夹具

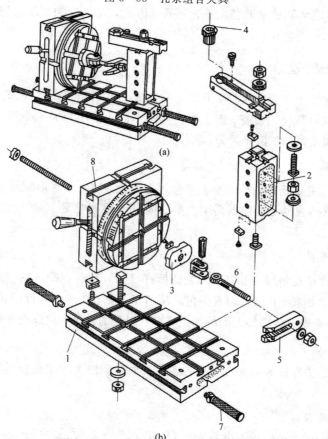

1—基础件;2—支承件;3—定位件;4—导向件;5—夹紧件;6—紧固件;7—其他件;8—合件

图 3－54 槽系组合夹具

3. 专用夹具

专用夹具是针对某一工件或某一工序的加工要求而专门设计制造的夹具，具有正对性强、装夹稳定可靠、操作方便的特点，在产品批量较大时采用专用夹具可大大提高生产率，但该夹具没有通用性，只能为某一工件所专用，已不再适应品种不断变化的形势。

4. 可调夹具

可调夹具是针对通用夹具和专用夹具的缺陷而发展起来的一类夹具，这类夹具对不同类型和尺寸的工件，只需调整或更换原来夹具上的个别定位元件和夹紧元件便可使用。可调夹具一般又分为通用可调夹具和成组夹具两种。前者的通用范围比通用夹具更大；后者则是一种专用可调夹具，它按成组原理设计并能加工一族相似的工件，故在多品种、中、小批量生产中使用时有较好的经济效果。

3.5　数控加工工艺路线设计

数控加工工艺路线的设计是制订工艺规程的关键，主要任务是划分加工阶段、工序、工步和进行工序顺序的安排等。由于数控加工工艺路线设计仅是几道数控加工工序工艺过程的概括，而不是毛坯到成品的整个工艺过程，因此，在数控加工工艺路线设计时要注意与整个工艺过程的相互协调。

3.5.1　加工阶段的划分

对于加工质量要求较高的零件，通常需要几道工序才能逐步达到加工质量要求，为保证零件加工质量和合理使用设备，按工序性质的不同，零件的加工一般划分为粗加工、半精加工、精加工和光整加工四个阶段。

1. 粗加工阶段

粗加工阶段的主要任务是从坯料上切除较多余量，使毛坯在形状和尺寸上接近零件成品。所以，要采取措施尽可能地提高生产率。同时要留有充足、均匀的加工余量，为后续工序创造有利条件。

2. 半精加工阶段

半精加工阶段是在粗加工和精加工之间所进行的过程。此阶段的主要任务是使主要表面达到一定的精度要求，并保证留有一定的精加工余量，为主要表面的精加工(如精车、精铣)做好准备，并完成一些次要表面的加工，如紧固孔的钻削、攻螺纹和铣键槽等。

3. 精加工阶段

精加工阶段的主要任务是保证零件各主要表面达到图纸规定的技术要求，全面保证加工质量。

4. 光整加工阶段

对零件精度和表面粗糙度要求很高(1T6级以上、Ra0.2 μm 以下)的表面，需进行光整加工，其主要任务是提高尺寸精度，减小表面粗糙度。一般不用来提高位置精度。

进行加工阶段划分的主要目的是：

（1）保证加工质量。工件加工划分阶段后，粗加工因加工余量大、切削力、夹紧力大以及切削温度较高等因素造成的加工误差，可通过半精加工和精加工逐步得到纠正，以保证加工质量。

（2）合理使用设备。对于粗加工余量大、切削用量大的工件，可采用功率大、刚度好、效率高而精度低的机床；精加工切削力小，对机床破坏小，可采用高精度机床。可见划分加工阶段后，可充分发挥粗、精加工设备的特点，避免以精干粗，做到合理使用设备。

（3）便于安排热处理工序。如粗加工后一般要安排时效处理，消除残余应力；精加工前要安排淬火等最终热处理，引起的变形又可在精加工中消除，使冷热工序配合得更好。

（4）便于及时发现毛坯缺陷。毛坯的各种缺陷，如气孔、砂眼和加工余量不足等，在粗加工后即可发现，便于及时修补或报废，以免继续加工后造成工时和费用的浪费。

需要注意的是：加工阶段的划分不要绝对化，应根据零件的质量要求、结构特点和生产纲领灵活掌握。例如：工件加工质量要求不高，毛坯精度高、刚性好、加工余量小，生产批量小时不必划分加工阶段。

3.5.2　加工工序的划分

1. 工序划分的原则

零件加工过程中安排工序数量的多少，可遵循工序集中或工序分散的原则来确定。工序集中就是零件的加工集中在少数工序内完成，而每一道工序的加工内容比较多；工序分散则相反，整个工艺过程中工序数量多，而每一道工序的加工内容比较少。

1）工序集中的特点

（1）有利于采用高生产率的专用设备和工艺装备，如采用多刀多刃、多轴机床、数控机床和加工中心等，从而大大提高生产率。

（2）减少了工序数目，缩短了工艺路线，从而简化了生产计划和生产组织工作。

（3）减少了设备数量，相应地减少了操作工人和生产面积，但对操作工人的技术水平要求较高。

（4）减少了工件安装次数，不仅缩短了辅助时间，而且在一次安装下能加工较多的表面，也易于保证这些表面的相对位置精度。

（5）数控机床、专用设备和工艺装置复杂，调整和维修比较麻烦，生产准备工作和投资都比较大，新产品转换周期长。

2）工序分散的特点

（1）有利于选择最合理的切削用量，减少基本时间。

（2）设备和工艺装备结构都比较简单，调整方便，对工人的技术水平要求低。

（3）容易适应生产产品的变换。

（4）设备数量多，操作工人多，占用生产面积大。

工序集中和工序分散各有特点，在拟订工艺路线时，工序是集中还是分散，即工序数量是多还是少，主要取决于生产规模和零件的结构特点及技术要求。在一般情况下，单件小批量生产时，多将工序集中。大批量生产时，既可采用多刀、多轴等高效率机床将工序集中，也可将工序分散后组织流水线生产。目前的发展趋势是倾向于工序集中。

2. 数控加工工序划分的方法

根据数控加工的特点，在数控机床上加工的零件一般按工序集中原则划分工序，划分方法如下：

（1）按粗、精加工划分工序。对于经加工后易发生变形的工件，应将零件的粗、精加工工序分开进行，即先进行粗加工、半精加工，而后进行精加工。这样，即可使粗加工引起的各种变形得以恢复，又能及时发现毛坯的各种缺陷，发挥粗加工的长处，提高效率。

（2）按所用刀具划分工序。为了减少数控机床的换刀次数，缩短辅助时间，减少不必要的定位误差，可按刀具集中工序的方法加工零件，即以同一把刀具加工的内容划分工序。在一次装夹中应尽可能用同一把刀加工零件上要求的相同部位，再用另一把刀加工其他部位。

（3）按安装次数划分工序。以一次安装、加工作为一道工序。该方法一般适合加工内容不多的工件，加工完后就能达到待检状态。

（4）按加工部位划分工序。对于加工表面多而复杂的工件，可按其构成零件轮廓的表面结构特点将加工部位分成几个部分，如内腔、外形、曲面或平面，并将每一部分的加工作为一道工序。

3.5.3　工序顺序的安排

1. 工序顺序的安排遵循的原则及考虑因素

在安排工序顺序时应遵循以下原则：

（1）基准先行。零件加工一般多从精基准的加工开始，再以精基准定位加工其他表面。因此，选作精基准的表面应安排在工艺过程起始工序先进行加工，以便为后续工序提供精基准。例如轴类零件先加工两端中心孔，然后再以中心孔作为精基准，粗、精加工所有外圆表面。齿轮加工则先加工内孔及基准端面，再以内孔及端面作为精基准，粗、精加工齿形表面。

（2）先粗后精。精基准加工好以后，整个零件的加工工序，应是粗加工工序在前，相继为半精加工、精加工及光整加工。按先粗后精的原则先加工精度要求较高的主要表面，即先粗加工再半精加工各主要表面，最后再进行精加工和光整加工。

（3）先主后次。根据零件的功用和技术要求，先将零件的主要表面和次要表面分开，然后先安排主要表面的加工，再把次要表面的加工工序插入其中。次要表面一般指键槽、螺孔、销孔等表面。这些表面一般都与主要表面有一定的相对位置要求，应以主要表面作为基准进行次要表面的加工，所以次要表面的加工一般放在主要表面的半精加工以后、精加工以前，一次加工结束。也有放在最后加工的，但此时应注意不要碰伤已加工好的主要表面。

（4）先面后孔。对于箱体、底座和支架等类零件，平面的轮廓尺寸较大，用它作为精基准加工孔，比较稳定可靠，也容易加工，有利于保证孔的精度。如果先加工孔，再以孔为基准加工平面，则比较困难，加工质量也会受到影响。

此外，工序的安排还要考虑以下因素：

① 上道工序的加工不能影响下道工序的定位与夹紧。

② 先进行外形加工工序，后进行内形加工工序。

③ 以相同定位、夹紧方式加工或同一把刀具加工的工序，最好连续进行，以减少重复

定位次数和换刀次数。

2. 与普通加工工序的衔接

数控加工工序前后一般都穿插其他普通加工工序，若衔接得不好就容易产生矛盾。因此，在熟悉整个加工工艺内容的同时，要清楚数控加工工序与普通加工工序各自的技术要求、加工目的和加工特点，如要留加工余量，留多少；定位面与孔的精度要求及形位公差；对校形工序的技术要求；对毛坯的热处理状态；等等，这样才能使各工序达到加工需要的条件，且质量目标及技术要求明确，交接验收有依据。

3.5.4　加工余量的确定

1. 加工余量的概念及影响因素

1）加工余量的概念

在机械加工过程中从加工表面切除的金属层厚度称为加工余量。加工余量分为工序余量和加工总余量。工序余量是指为完成某一道工序所必须切除的金属层厚度，即相邻两工序的工序尺寸之差。加工总余量是指由毛坯变为成品的过程中，在某加工表面上所切除的金属层总厚度，即毛坯尺寸与零件图设计尺寸之差。

由于毛坯尺寸和各工序尺寸不可避免地存在公差，因此无论是加工总余量还是工序余量实际上是个变动值，因而加工余量又有基本余量、最大余量和最小余量之分，通常所说的加工余量是指基本余量。加工余量和工序余量的公差标注应遵循"入体原则"，即：毛坯尺寸按双向标注上、下偏差；被包容面尺寸的上偏差为零，也就是基本尺寸为最大极限尺寸（如轴）；包容面尺寸的下偏差为零，也就是基本尺寸为最小极限尺寸（如内孔）。

加工过程中，工序完成后的工件尺寸称为工序尺寸。由于存在加工误差，各工序加工后的尺寸也有一定的公差，称为工序公差。工序公差带的布置也采用"入体原则"。

图 3-55 所示为加工余量及其公差的关系。从图中可见，不论是被包容面还是包容面，其加工总余量均等于各工序余量之和。

$$Z_D = Z_a + Z_b + Z_c + \cdots$$

即

$$Z_D = \sum_{i=1}^{n} Z_i$$

式中：Z_D 为加工总余量；Z_i 为第 i 道工序余量，n 为工序数。

（1）对于被包容面（见图 3-55(a)）。

本工序的基本余量：　　　　　　　$Z_b = L_a - L_b$

本工序的最大余量：　　　　　　　$Z_{b\,max} = Z_b + T_b$

本工序的最小余量：　　　　　　　$Z_{b\,min} = Z_b - T_a$

本工序余量公差：　　　　　　　　$T_z = T_b + T_a$

式中：L_a 为上工序的基本尺寸；T_a 为上工序的尺寸公差；L_b 为本工序的基本尺寸；T_b 为本工序的尺寸公差。

（2）对于包容面（见图 3-55(b)）。

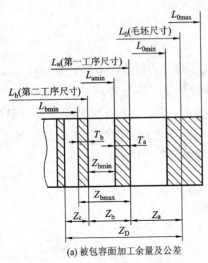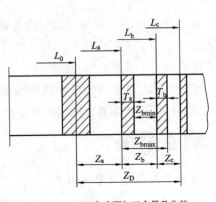

(a) 被包容面加工余量及公差　　　　　(b) 包容面加工余量及公差

图 3-55　加工余量及公差

本工序的基本余量：　　　　　　　$Z_b = L_b - L_a$

本工序的最大余量：　　　　　　　$Z_{b\,max} = Z_b + T_b$

本工序的最小余量：　　　　　　　$Z_{b\,min} = Z_b - T_a$

本工序余量公差：　　　　　　　　$T_z = T_b + T_a$

式中：L_a 为上工序的基本尺寸；T_a 为上工序的尺寸公差；L_b 为本工序的基本尺寸；T_b 为本工序的尺寸公差。

加工余量还有双边余量和单边余量之分，平面加工余量是单边余量，它等于实际切削的金属层厚度。对于外圆和孔等回转表面，加工余量是指双边余量，即以直径方向计算，实际切去的金属层厚度为加工余量数值的一半，如图 3-56 所示，由图可知：

对于外表面的单边余量：　　　　　$Z_b = a - b$

对于内表面的单边余量：　　　　　$Z_b = b - a$

对于轴：　　　　　　　　　　　　$2Z_b = D_a - D_b$

对于孔：　　　　　　　　　　　　$2Z_b = D_b - D_a$

式中：Z_b 为本工序的基本余量；D_a 为上工序的基本尺寸；D_b 为本工序的基本尺寸。

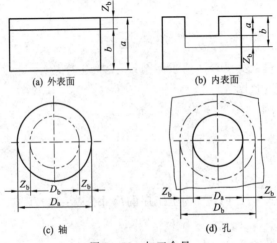

图 3-56　加工余量

2）确定加工余量时应考虑的因素

为切除前工序在加工时留下的各种缺陷和误差的金属层，又考虑到本工序可能产生的安装误差而不致使工件报废，必须保证一定数值的最小工序余量。为了合理地确定加工余量，首先必须了解影响加工余量的因素。影响加工余量的主要因素有：

（1）前工序的尺寸公差。由于工序尺寸有公差，上工序的实际工序尺寸有可能出现最大或最小极限尺寸。为了使上工序的实际工序尺寸在极限尺寸的情况下，本工序也能将上工序留下的表面粗糙度和缺陷层切除，本工序的加工余量应包括上工序的公差。

（2）前工序的形状和位置公差。当工件上有些形状和位置偏差不包括在尺寸公差的范围内时，这些误差又必须在本工序加以纠正，在本工序的加工余量中必须包括它。

（3）前工序的表面粗糙度和表面缺陷。为了保证加工质量，本工序必须将上工序留下的表面粗糙度和缺陷层切除。

（4）本工序的安装误差。安装误差包括工件的定位误差和夹紧误差，若用夹具装夹，还应有夹具在机床上的装夹误差。这些误差会使工件在加工时的位置发生偏移，所以加工余量还必须考虑安装误差的影响。如图 3-57 所示，用三爪自动定心卡盘夹持工件外圆加工孔时，若工件轴心线偏移机床主轴回转轴线一个 e 值，造成内孔切削余量不均匀，为使上工序的各项误差和缺陷在本工序切除，应将孔的加工余量加大 $2e$。

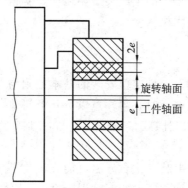

图 3-57　工件的安装误差

2. 确定加工余量的方法

确定加工余量的方法有三种：分析计算法、经验估算法和查表修正法。

1）分析计算法

分析计算法是根据有关加工余量计算公式和一定的试验资料，对影响加工余量的各项因素进行分析和综合计算来确定加工余量。用这种方法确定加工余量比较经济合理，但必须有比较全面和可靠的试验资料。目前，只在材料十分贵重，以及军工生产或少数大量生产的工厂中采用。

2）经验估算法

经验估算法是根据企业的生产技术水平，依靠有经验的工艺设计人员或工人根据经验确定加工余量。为防止因余量过小而产生废品，经验估计的数值总是偏大，这种方法常用于单件小批量生产。

3）查表修正法

查表修正法是根据各企业长期的生产实践与试验研究所积累的有关加工余量的数据，

145

制成各种表格并汇编成手册，确定加工余量时，可查阅有关手册，再结合本厂的实际情况进行适当修正后确定加工余量，目前此法应用较为普遍。

3.6　数控加工工序设计

数控加工工序设计的主要任务是在工件数控加工工艺路线确定之后，进一步明确工序加工所用设备、定位装夹方式、走刀路线和切削用量等，为编制加工工序卡做好充分准备。

3.6.1　机床的选择

在为每一道工序选择机床时，首先要充分了解所用机床的技术性能，此外，还要考虑以下几点：

（1）机床的主要规格尺寸应与工件的外形尺寸相适应，即大件用大机床，小件用小机床。

（2）机床的精度与工序要求的加工精度相适应。机床精度过低不能保证加工精度，精度过高又会增加成本，应根据工件加工精度要求合理选用机床。

（3）机床的生产效率应与工件的生产类型相适应，单件小批量生产用通用机床或数控机床，大批量生产选用高效专用机床。

3.6.2　确定定位和夹紧

在数控机床上加工工件时，工件定位安装的基本原则与普通机床基本相同，定位基准和夹紧方案的选择要合理，在选择时必须注意以下几个问题：

（1）力求设计、工艺与编程计算的基准统一，以减少基准不重合误差和数控编程中的计算工作量。

（2）尽量将工序集中，减少装夹次数，尽可能在一次装夹后加工出全部待加工表面，以减少装夹误差，提高加工表面之间的相互位置精度，发挥数控机床的效能。

（3）避免采用占机人工调整的加工方案和用时较长的装夹方案。

（4）夹紧力的方向应朝向主要定位基准，并有利于减小夹紧力的大小。

（5）夹紧力的作用点应落在工件刚性较好的部位，并尽量靠近加工表面。

3.6.3　确定走刀路线

走刀路线就是刀具在整个加工工序中的运动轨迹，它不但包括了工序的内容，也反映出工序顺序。走刀路线是编写程序的依据之一。确定走刀路线时应注意以下几点：

1. 走刀路线应最短

在保证加工质量的前提下，走到路线要最短。这样，既可节省加工时间，也能减少一些不必要的刀具磨损。图 3-58(a)所示为加工零件上的孔系。图 3-58(b)所示的走刀路线为先加工完外圈孔后，再加工内圈孔。若改用如图 3-58(c)所示的走刀路线，则可减少空刀时间，使定位时间缩短一半，提高了加工效率。

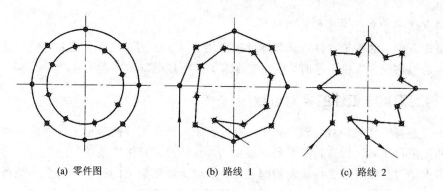

(a) 零件图　　　　(b) 路线 1　　　　(c) 路线 2

图 3－58　最短路线的设计

147

2. 最终轮廓一次走刀完成

为保证工件轮廓表面加工后的粗糙度要求，最终轮廓应安排在最后一次走刀中连续加工出来。如图 3－59(a)所示，采用行切法加工内腔的走刀路线，这种走刀方式虽然能切除掉内腔中的全部余量，不留死角，不伤轮廓。但在两次走刀的起点和终点间会留下残留高度，使表面粗糙度达不到要求。若采用如图 3－59(b)所示的走刀路线，先进行行切法，最后沿周向环切一刀，光整轮廓表面，就能获得较好的效果。图 3－59(c)采用环切法加工，环切法的表面粗糙度小，但走刀路线比行切法长。因此，图 3－59(b)所示的走刀路线最佳。

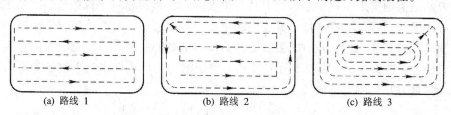

(a) 路线 1　　　　(b) 路线 2　　　　(c) 路线 3

图 3－59　铣削内腔的三种走刀路线

3. 选择切入、切出方向

第一，刀具切入、切出工件时，切入、切出点的位置首先要选择在不重要的或质量要求不高的表面；第二，为保证工件轮廓光滑，刀具的切入点和切出点应在沿零件轮廓的切线上；第三，为防止划伤工件表面，要避免在工件轮廓面上垂直上、下刀；第四，为避免留下刀痕，要减少在轮廓加工切削过程中的暂停，因为切削力突然变化会造成弹性变形。工件的切入、切出方式如图 3－60 所示。

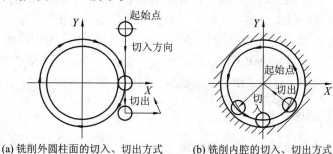

(a) 铣削外圆柱面的切入、切出方式　　(b) 铣削内腔的切入、切出方式

图 3－60　工件的切入、切出方式

4. 选择使工件加工后变形小的路线

对横截面积小的细长零件或薄板零件应采用分几次走刀加工到最终尺寸或对称去除余量法安排走刀路线。安排工步时，应先安排对工件刚度破坏较小的工步。

3.6.4 确定刀具与工件的相对位置

确定刀具与工件的相对位置，就是在数控机床上加工工件前确定工件坐标系和机床坐标系的相互位置关系。而这种关系是通过对刀、确认对刀点来实现的。

对刀点是刀具相对于工件运动的起点，一般也是加工程序的起点。对刀点既可设置在被加工零件上，也可设置在夹具上与零件定位基准有一定尺寸联系的某一位置，通常情况下，对刀点是选择零件的加工原点。

1. 对刀点的选择原则

(1) 对刀点应使程序编制简单。

(2) 对刀点应选择在容易找正、便于确定零件加工原点的位置。

(3) 对刀点应选择在加工时检验方便、可靠的位置。

(4) 所选对刀点应有利于提高加工精度。

2. 对刀

对刀就是要测定出在程序起点处刀具刀位点(即对刀点)相对于机床原点以及工件原点坐标位置的操作。"刀位点"是指刀具底面的中点。一般来说，立铣刀和端面铣刀的刀位点是刀具轴线与刀具底面的交点；球头铣刀的刀位点为球心；镗刀和车刀的刀位点为刀尖或刀尖圆弧中心；钻头是钻尖或钻头底面中心；线切割的刀位点则是线电极的轴心与零件面的交点。常见刀具的刀位点如图 3-61 所示。

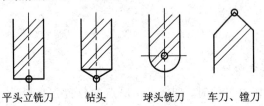

平头立铣刀　　钻头　　球头铣刀　　车刀、镗刀

图 3-61　常见刀具的刀位点

3. 换刀点

换刀点是刀架转位换刀时的位置，是为加工中心、数控车床等采用多刀进行加工的机床而设置的，因为这些机床在加工过程中因为加工内容变化需换刀。这就需要合理地设置换刀点。换刀点通常设在工件的轮廓之外，并留有一定的安全量，以防止换刀时碰伤零件、刀具或夹具。如在数控铣床上常以机床参考点为换刀点，在数控车床上则以远离工件的行程极限点为换刀点，而加工中心是以机械手固定位置为换刀点。

3.6.5 确定切削用量

切削用量包括切削速度 v_c(或主轴转速 n)、背吃刀量 a_p 及进给量 f。选用原则与普通机床相似，选择原则是：粗加工时，采用较大的切削量，以提高生产效率；半精加工或精加工时，采用较小的切削用量，以保证加工质量。

1. 切削速度 v_c 的确定

切削速度 v_c 可按下面的公式计算：

$$v_c = \frac{c_v}{T^m \times a_p^{x_v} \times f^{y_v}} \times K_v$$

式中：v_c 为切削速度（m/min）；c_v 为切削速度系数；T 为刀具耐用度；a_p 为背吃刀量；f 为进给量；K_v 为切削速度修正系数；x_v 为背吃刀量对切削速度 v_c 的影响指数；y_v 为进给量对切削速度 v_c 的影响指数。

c_v、x_v、y_v、K_v 的值由切削用量手册查出，a_p、f、T 是选定的。

切削速度 v_c 确定后，主轴转速 n 可按下面的公式计算：

$$n = \frac{1000 v_c}{\pi D}$$

式中：v_c 为切削速度（m/min）；n 为主轴转速（r/min）；D 为工件（或刀具）直径（mm）。

说明：计算出的主轴转速 n 是根据机床说明书选取机床上有的或较接近的转速。

2. 背吃刀量 a_p 的确定

背吃刀量是根据机床、工件和刀具的刚度来决定的。在刚度允许的条件下，应尽可能使背吃刀量的值取得大些，这样可以减少走刀次数，提高生产效率。为保证加工表面质量，可留少量精加工余量，一般为 0.2～0.5 mm。

3. 进给量 f 的确定

进给量主要根据零件的加工精度和表面粗糙度要求以及刀具、工件的材料性质选取。最大进给量受机床刚度和进给系统的性能限制，进给量的选取一般遵循以下原则：

（1）当工件的加工质量要求能够得到保证时，可选择较大的进给量，以提高生产效率。一般在 100～200 mm/min 范围内选取。

（2）在加工深孔、切断或用高速钢刀具加工时，一般选择较小的进给量，选取范围为 20～50 mm/min。

（3）当加工精度、表面粗糙度要求高时，进给量的值要选得小些，一般在 20～50 mm/min 范围内选取。

总之，切削用量的具体数值应根据机床性能、相关的手册并结合实际经验用类比的方法确定。同时，使切削速度、背吃刀量及进给量三者能相互适应，以形成最佳的切削用量。

3.7　工序尺寸及公差的确定

3.7.1　工艺尺寸链的概念及计算方法

机械加工过程中，工件的尺寸在不断地变化，由毛坯尺寸到工序尺寸，最后达到设计要求的尺寸。这些尺寸之间存在一定的联系。尺寸链理论揭示了它们之间的内在关系，掌握它们的变化规律是合理确定工序尺寸及其公差和计算各种工艺尺寸的基础。

1. 工艺尺寸链的概念

1) 尺寸链的概念

在零件的加工过程中,由相互联系的尺寸组成的封闭尺寸组合称为工艺尺寸链。如图 3-62 所示的台阶零件,该零件先以 A 面定位加工 L_c 面,得到尺寸 L_c;再加工 B 面,得到尺寸 L_a;这样该零件在加工时并未直接予以保证的尺寸 L_b 就随之确定。尺寸 L_c、L_a 和 L_b 就构成一个封闭的尺寸组合,即形成了一个尺寸链。

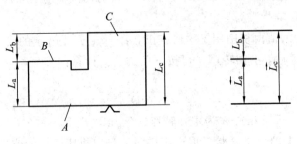

图 3-62 尺寸链

2) 工艺尺寸链的组成

(1) 环:组成工艺尺寸链的各个尺寸都称为工艺尺寸链的环。图 3-62 中的尺寸 L_a、L_b 和 L_c 都是工艺尺寸链的环。

(2) 封闭环:工艺尺寸链中间接得到的环称为封闭环。图 3-62 中的尺寸 L_b,是加工后间接获得的,因此是封闭环。封闭环以下角标"0"表示,如 L_0。

(3) 组成环:除封闭环以外的其他环都称为组成环。图 3-62 中的尺寸 L_a 和 L_c 都是组成环。组成环分为增环和减环两种。

① 增环:当其余各组成环保持不变,某一组成环增大,封闭环也随之增大,该环即为增环。一般在该环尺寸的代表符号上加一向右的箭头来表示增环,如 $\overrightarrow{L_c}$,图 3-62 中尺寸 L_c 为增环。

② 减环:当其余各组成环保持不变,某一组成环增大,封闭环反而减小,该环即为减环。一般在该尺寸的代表符号上加一向左的箭头来表示减环,如 $\overleftarrow{L_a}$,图 3-62 中尺寸 L_a 为减环。

3) 工艺尺寸链的特征

(1) 关联性。组成工艺尺寸链的各尺寸之间必然存在着一定的关系,相互无关的尺寸不能组成工艺尺寸链。工艺尺寸链中每一个组成环不是增环就是减环,其尺寸发生变化都要引起封闭环的尺寸变化。对工艺尺寸链中的封闭环尺寸没有影响的尺寸,就不是该工艺尺寸链的组成环。

(2) 封闭性。尺寸链必须是一组首尾相接并构成一个封闭图形的尺寸组合,其中应包含一个间接得到的尺寸。不构成封闭图形的尺寸组合就不是尺寸链。

4) 建立工艺尺寸链的步骤

(1) 确定封闭环。即加工后间接得到的尺寸。

(2) 查找组成环。从封闭环一端开始,按照尺寸之间的联系,首尾相连,依次画出对封闭环有影响的尺寸,直到封闭环的另一端,形成一个封闭图形,就构成一个工艺尺寸链。

如图 3 - 62 所示，从尺寸 L_b 上端开始，沿 L_b — L_c — L_a 到 L_b 下端就形成了一个封闭的尺寸组合，即构成了一个工艺尺寸链。

（3）按照各组成环对封闭环的影响确定其为增环或减环。确定增环或减环可用如图 3 - 63 所示的方法：先给封闭环任意规定一个方向，然后沿此方向，绕工艺尺寸链依次给各组成环画出箭头，凡是与封闭环箭头方向相同的就是减环，相反的就是增环。

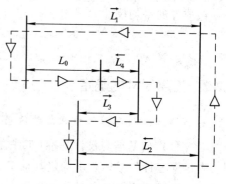

图 3 - 63　增环、减环的判断

2. 工艺尺寸链的计算

尺寸链的计算方法有两种：极值法与概率法。极值法是从最坏的情况出发来考虑问题，即当所有增环都为最大极限尺寸而减环恰好都为最小极限尺寸，或所有增环都为最小极限尺寸而减环恰好都为最大极限尺寸，来计算封闭环的极限尺寸和公差。概率法解尺寸链，主要用于装配尺寸链。这里只介绍极值法解工艺尺寸链的基本计算公式。

（1）封闭环的基本尺寸 L_0。

$$L_0 = \sum_{i=1}^{k} \overrightarrow{L_i} - \sum_{i=k+1}^{m} \overleftarrow{L_i} \qquad (3-1)$$

式中：k 为增环的环数；m 为组成环的环数（下同）。

（2）封闭环的极限尺寸。

$$L_{0\,max} = \sum_{i=1}^{k} \overrightarrow{L_{i\,max}} - \sum_{i=k+1}^{m} \overleftarrow{L_{i\,min}} \qquad (3-2)$$

$$L_{0\,min} = \sum_{i=1}^{k} \overrightarrow{L_{i\,min}} - \sum_{i=k+1}^{m} \overleftarrow{L_{i\,max}} \qquad (3-3)$$

（3）封闭环的极限偏差。

上偏差：

$$ES_0 = \sum_{i=1}^{k} \overrightarrow{ES_i} - \sum_{i=k+1}^{m} \overleftarrow{EI_i} \qquad (3-4)$$

下偏差：

$$EI_0 = \sum_{i=1}^{k} \overrightarrow{EI_i} - \sum_{i=k+1}^{m} \overleftarrow{ES_i} \qquad (3-5)$$

（4）封闭环的公差 T_0。

$$T_0 = ES_0 - EI_0 = \sum_{i=1}^{m} T_i \qquad (3-6)$$

（5）封闭环的平均尺寸 L_{0m}。

$$L_{0m} = \sum_{i=1}^{k} \overrightarrow{L_{im}} - \sum_{i=k+1}^{m} \overleftarrow{L_{im}} \qquad (3-7)$$

式中：$\overrightarrow{L_{im}}$ 为增环的平均尺寸；$\overleftarrow{L_{im}}$ 为减环的平均尺寸。

组成环的平均尺寸为

$$L_{im} = \frac{L_{i\,max} + L_{i\,min}}{2} \tag{3-8}$$

3.7.2 工序尺寸的确定

1. 基准重合时工序尺寸及公差的确定

当零件定位基准与设计基准(工序基准)重合时,零件工序尺寸及其公差的确定方法是:先根据零件的具体要求确定其加工工艺路线,再通过查表确定各道工序的加工余量及其公差,然后计算出各工序尺寸及公差。计算顺序是:先确定各工序余量的基本尺寸,再由后往前逐个工序推算,即由工件的设计尺寸开始,由最后一道工序向前推算直到计算出毛坯尺寸。

例 3-1 直径为 $\phi30f7$、长度为 50 mm 的短轴,材料为 45 钢,需经表面淬火,其表面粗糙度值为 Ra0.8 μm,试查表确定其工序尺寸和毛坯尺寸。

解 (1) 根据技术要求,确定加工路线为:粗车→半精车→粗磨→精磨。

(2) 查表确定各工序加工余量及各工序尺寸公差。由《机械制造工艺人员手册》查得毛坯余量及各工序加工余量为:毛坯 4.5 mm、精磨 0.1 mm、粗磨 0.30 mm、半精车 1.10 mm。

由总余量公式可知,粗车余量为 3.0 mm。

查得各工序尺寸公差:精磨 0.013 mm、粗磨 0.021 mm、半精车 0.033 mm、粗车 0.52 mm、毛坯 0.8 mm。

(3) 确定工序尺寸及上、下偏差。

由于精磨工序尺寸为精磨后工件的尺寸,所以精磨工序尺寸为 $\phi30_{-0.013}^{0}$ mm;粗磨工序尺寸为粗磨后精磨前工件的尺寸,因此粗磨工序尺寸为

粗磨工序尺寸=精磨工序尺寸+精磨余量,即 $\phi30.1_{-0.021}^{0}$ mm;

半精车工序尺寸为半精车后粗磨前的工件尺寸,因此半精车工序尺寸为

半精车工序尺寸=粗磨工序尺寸+粗磨余量,即 $\phi30.4_{-0.033}^{0}$ mm;

粗车工序尺寸为粗车后半精车前的工序尺寸,因此粗车工序尺寸为

粗车工序尺寸=半精车工序尺寸+半精车余量,即 $\phi31.5_{-0.52}^{0}$ mm;

毛坯直径为 $\phi34.5 \pm 0.4$ mm。

2. 基准不重合时工序尺寸及其公差的确定

定位基准与设计基准或工序基准不重合时,工序尺寸及其公差的确定比较复杂,需用工艺尺寸链来进行分析计算。

1) 测量基准与设计基准不重合时工序尺寸及其公差的计算

在加工中,有时会遇到某些加工表面的设计尺寸不便测量,甚至无法测量的情况,为此需要在工件上另选一个容易测量的测量基准,通过对该测量尺寸的控制来间接保证原设计尺寸的精度。这就产生了测量基准与设计基准不重合时,测量尺寸及公差的计算问题。

例 3-2 如图 3-64 所示的零件,加工时要求保证尺寸 (6 ± 0.1) mm,但该尺寸不便测量,只好通过测量尺寸 L 来间接保证,试求工序尺寸 L 及其上、下偏差。

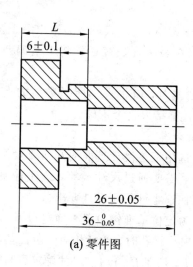

(a) 零件图

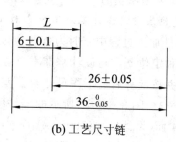

(b) 工艺尺寸链

图 3-64　测量基准与设计基准不重合的尺寸换算

解　(1) 确定封闭环。

在图 3-64(a)中，尺寸(6±0.1) mm 是间接得到的，即为封闭环。工艺尺寸链图如图 3-64(b)所示，其中尺寸 L、(26±0.05) mm 为增环，尺寸 $36_{-0.05}^{0}$ mm 为减环。

(2) 根据公式计算。

由式(3-1)得

$$6 = L + 26 - 36$$
$$L = 16 \text{ mm}$$

由式(3-4)得

$$0.1 = \text{ES}_L + 0.05 - (-0.05)$$
$$\text{ES}_L = 0 \text{ mm}$$

由式(3-5)得

$$-0.1 = \text{EI}_L + (-0.05) - 0$$
$$\text{EI}_L = -0.05 \text{ mm}$$

因而

$$L = 16_{-0.05}^{0} \text{ mm}$$

极值法的计算也可以用竖式法，清晰方便，一目了然。计算结果如表 3-7 所示。

表 3-7　竖式(极值法)解工艺尺寸链

mm

环的名称	基本尺寸	上偏差(ES)	下偏差(EI)	公差 T_i
增环 $\vec{L}$	(16)	(0)	(−0.05)	(0.05)
增环	26	0.05	−0.05	0.1
减环	−36	0.05	0	0.05
封闭环 L_0	6	0.1	−0.1	0.2

竖式法是利用极值法的式(3-1)、式(3-4)、式(3-5)、式(3-6)来求解工艺尺寸链,为了计算方便,将减法运算变为加法运算。因此在表中凡是减环均将上下偏差对调后变号,即正值改为负值,负值变为正值。

注意: 当利用竖式法求解某减环的尺寸及公差时,应将表中所示数值的上下偏差对调、变号,才是真正的结果。用竖式法可以验算计算结果是否正确。

2) 定位基准与设计基准不重合时工序尺寸的计算

在零件加工过程中有时为方便定位或加工,选用不是设计基准的几何要素作为定位基准,在这种定位基准与设计基准不重合的情况下,需要通过尺寸换算,改注有关工序尺寸及公差,并按换算后的工序尺寸及公差加工。以保证零件的原设计要求。

例 3-3 图 3-65(a)所示的零件以底面 N 为定位基准镗 O 孔,确定 O 孔位置的设计基准是 M 面(设计尺寸(100±0.15) mm),用镗夹具镗孔时,镗杆相对于定位基准 N 的位置(即 L_1 尺寸)预先由夹具确定。这时设计尺寸 L_0 是在 L_1 和 L_2 尺寸确定后间接得到的。问如何确定 L_1 尺寸及公差,才能使间接获得的 L_0 尺寸在规定的公差范围之内?

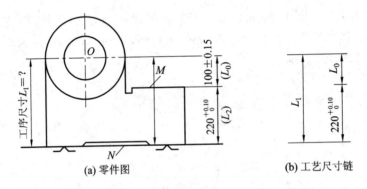

(a) 零件图　　　　(b) 工艺尺寸链

图 3-65 定位基准与设计基准不重合的尺寸换算

解 (1) 根据题意可看出尺寸(100±0.15) mm 是封闭环。

(2) 工艺尺寸链如图 3-65(b)所示,其中尺寸 $220^{+0.10}_{0}$ 为减环,L 为增环。

(3) 按公式计算工序尺寸,由公式(3-1)得

$$100 = L_1 - 220$$
$$L_1 = 320 \text{ mm}$$

由公式(3-4)得

$$+0.15 = ES_1 - 0$$
$$ES_1 = +0.15 \text{ mm}$$

由公式(3-5)得

$$-0.15 = EI_1 - 0.10$$
$$EI_1 = -0.05 \text{ mm}$$

因而

$$L = 320^{+0.15}_{-0.05} \text{ mm}$$

3) 中间工序的工序尺寸及其公差的求解计算

在工件加工过程中,有时一个基面的加工会同时影响两个设计尺寸的数值。这时,需

要直接保证其中公差要求较严的一个设计尺寸，而另一设计尺寸需由该工序前面的某一个中间工序的合理工序尺寸间接保证。为此，需要对中间工序尺寸进行计算。

例 3 - 4 如图 3 - 66(a)所示的齿轮内孔，孔径设计尺寸为 $\phi 40^{+0.06}_{0}$ mm，键槽设计深度为 $43.2^{-0.36}_{0}$ mm，内孔及键槽的加工顺序为：(1) 镗内孔至 $\phi 39.6^{+0.1}_{0}$ mm；(2) 插键槽至尺寸 L_1；(3) 淬火热处理；(4) 磨内孔至设计尺寸 $\phi 40^{+0.06}_{0}$ mm，同时要求保证键槽深度为 $43.2^{+0.36}_{0}$ mm。试问：如何规定镗后的插键槽深度 L_1 值，才能最终保证得到合格产品？

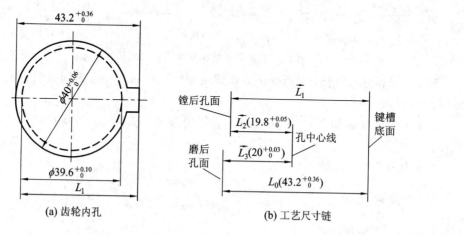

图 3 - 66 加工内孔键槽的工艺尺寸链

解 (1) 由加工过程可知，尺寸 $43.2^{+0.36}_{0}$ mm 的一个尺寸界限——键槽底面，是在插槽工序时按尺寸 L_1 确定的；另一个尺寸界限——孔表面，是在磨孔工序时由尺寸 $\phi 40^{+0.06}_{0}$ mm确定的，故尺寸 $43.2^{+0.36}_{0}$ mm 是一个间接得到的尺寸，为封闭环。

(2) 工艺尺寸链如图 3 - 66(b)所示，其中 L_1、尺寸 $\phi 20^{+0.03}_{0}$ 为增环，尺寸 $\phi 19.8^{+0.05}_{0}$ 为减环。

(3) 由公式(3 - 1)得

$$43.2 = (L_1 + 20) - 19.8$$
$$L_1 = 43 \text{ mm}$$

由公式(3 - 4)得

$$0.36 = (\text{ES}_1 + 0.03) - 0$$
$$\text{ES}_1 = 0.33 \text{ mm}$$

由公式(3 - 5)得

$$0 = (\text{EI}_1 + 0) - 0.05$$
$$\text{EI}_1 = 0.05 \text{ mm}$$

因而

$$L_1 = 43^{+0.33}_{+0.05} \text{ mm}$$

4) 保证应有渗碳或渗氮层深度时工艺尺寸及其公差的计算

零件渗碳或渗氮后，表面一般要经磨削来保证尺寸精度，同时要求磨后保留规定的渗层深度。这就要求进行渗碳或渗氮热处理时按一定渗层深度及公差进行(用控制热处理时间保证)，并对这一合理渗层深度及公差进行计算。

例3-5 一批圆轴工件如图3-67所示，其加工过程为：车外圆至 $\phi 20.6_{-0.04}^{0}$ mm；渗碳淬火；磨外圆至 $\phi 20_{-0.02}^{0}$ mm。试计算保证磨后渗碳层深度为0.7～1.0 mm时，渗碳工序的渗入深度及其公差。

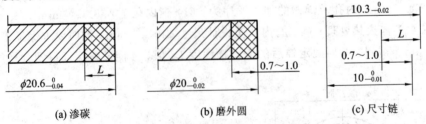

(a) 渗碳   (b) 磨外圆   (c) 尺寸链

图3-67 保证渗碳层深度的尺寸换算

解 (1) 由题意可知，磨后保证的渗碳层深度0.7～1.0 mm是间接获得的尺寸，为封闭环。

(2) 工艺尺寸链如图3-67(b)所示，其中尺寸 L、$10_{-0.01}^{0}$ 为增环，尺寸 $10.3_{-0.02}^{0}$ 为减环。

(3) 由公式(3-1)得

$$0.7 = L + 10 - 10.3$$
$$L = 1 \text{ mm}$$

由公式(3-4)得

$$0.3 = ES_L + 0 - (-0.02)$$
$$ES_L = 0.28 \text{ mm}$$

由公式(3-5)得

$$0 = EI_L + (-0.01) - 0$$
$$EI_L = 0.01 \text{ mm}$$

因此

$$L = 1_{+0.01}^{+0.28} \text{ mm}$$

3.8 数控加工工艺文件的格式及管理

3.8.1 工艺文件格式

数控加工工艺文件是数控加工工艺设计的主要内容之一。这些技术文件既是数控加工和产品验收的依据，也是操作者必须遵守和执行的规程。由于目前尚无统一的国家标准，各企业和行业的数控加工工艺文件在内容和格式上有所不同，但也有一定的规范可循。常见的数控加工工艺文件如下。

1. 数控编程任务书

数控编程任务书主要说明数控加工工序和加工的技术要求，以及数控加工前应保证的加工余量。它是编程人员和工艺人员协调工作和编制数控程序的重要依据，常见的编写格式见表3-8。

表 3-8　数控编程任务书

数控编程任务书	第　页　共　页	
	编　　号	
	图　　号	
零件图、主要工序说明及技术要求	零件名称	
	使用设备	
	收到日期	月　日
	经手人	
编制　　　　　编程　　　　　审核	批　准	

2. 数控加工工件安装和原点设定卡

数控加工工件安装和原点设定卡是说明工件进行数控加工时原点定位方法和夹紧方法的文件，卡中要注明加工原点设置位置和坐标方向、使用的夹具名称和编号等，常见的编写格式见表 3-9。

表 3-9　数控加工工件安装和原点设定卡

图　号		工件安装和原点设定卡	工序号		
零件名称			装夹次数		
工件安装、原点设定简图					
编　制		第　　页 共　　页			
审　核					
批　准			序　号	夹具名称	夹具图号

3. 数控加工工序卡

数控加工工序卡与普通机械加工工序卡有相似之处，但区别也较大。数控加工一般采用工序集中，每一道加工工序可划分为多个工步，工序卡不仅包含每一个工步的加工内容，还包含程序号、所用机床、刀具类型、刀具号和切削用量等内容，常见的编写格式见表 3-10。

表 3-10 数控加工工序卡

数控加工工序卡		产品名称		零件名称		材料		零件图号	
工序号	程序编号	夹具名称		夹具编号		使用设备			车间
工步号	工步内容	刀具号	刀具规格 /mm	主轴转速 /(r/min)	进给量 /(mm/r)	背吃刀量 /mm		备注	
编制		审核		批准		第 页		共 页	

4. 数控加工走刀路线图

数控加工走刀路线图主要反映刀具进给路线，该图应准确描述刀具从起刀点开始直到加工结束返回终点的轨迹。它不仅是程序编制的基本依据，同时也是机床操作者了解刀具运行路线(如从哪里进刀、从哪里抬刀等)、计划夹紧位置及控制夹紧元件高度，以避免碰撞事故发生的依据，常见的编写格式见表 3-11。

表 3-11 数控加工走刀路线图

数控加工走刀路线图		图号		工序号		工步号		程序号	
机床型号		程序段号		加工内容			共 页		第 页
				走刀路线图					
编 程			校 对			审 批			
符号	⊙	⊗	◒	○→	→	←⊥	○---	∿	⇒
含义	抬刀	下刀	编程原点	起刀点	走刀方向	走刀线相交	爬斜坡	铰孔	行切

5. 数控加工刀具卡

数控加工刀具卡主要说明零件加工中所使用刀具的名称、编号、规格、长度和补偿值等内容，是调刀人员准备和调整刀具、机床操作人员输入刀补参数的主要依据，常见的编写格式见表 3-12。

表 3 - 12 数控加工刀具卡

数控加工刀具卡	程序号		零件名称		材料			零件号	
序号	刀具号	刀具名称	刀具规格/mm		补偿值/mm		刀补号		备注
			直径	长度	半径	长度	半径	长度	
编制			审核		批准			共 页	第 页

6. 数控加工程序单

数控加工程序单是数控机床运动的指令,由编程人员依据零件数控加工工艺分析,经过数值计算,按照数控机床的程序格式和指令代码编制,即工艺过程代码化。由于数控机床类型不同,数控系统不同,因此程序单要按照机床说明书规定的代码来编写。常见的数控加工程序单的编写格式见表 3 - 13。

表 3 - 13 数控加工程序单

程序		程序注释
O××××		程序名
程序段号	程序	
N × ×		
...		
N××××		

3.8.2 工艺文件的管理

数控加工工艺文件是企业指导生产、加工制造和质量管理的技术依据,为了确保这些技术文件在生产中的作用,必须加强管理,严明纪律,保证生产的正常运行。因此,企业建立了技术文件的登记、保管、复制、收发、注销、归档和保密工作,以确保技术文件的完整、准确和统一等。

思考与习题

3 - 1 什么是生产过程、工艺过程、工序、安装、工步和工位?

3 - 2 什么是生产纲领?生产类型有几种?各有什么特点?

3 - 3 如何衡量零件的结构工艺性的好坏?

3 - 4 何谓基准、设计基准、工艺基准、测量基准和装配基准?

3 - 5 粗基准和精基准的选择原则分别是什么?

3 - 6 什么是六点定位原理、完全定位、不完全定位、欠定位和过定位?

3 - 7 可调支承与辅助支承的区别是什么?各有何作用?

3-8　夹紧装置由哪几部分组成？有哪些基本要求？

3-9　比较斜楔、螺旋、圆偏心夹紧机构的优缺点。

3-10　分析如图 3-68 所示的螺旋压板夹紧机构有无缺点？应如何改进？

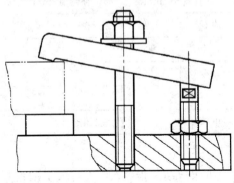

图 3-68　题 3-10 图

3-11　如图 3-69 所示的联动夹紧机构是否合理？为什么？若不合理，试绘出正确的结构。

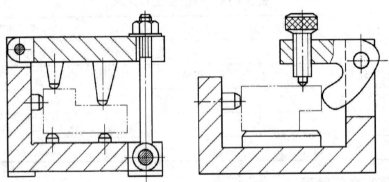

图 3-69　题 3-11 图

3-12　何谓工序集中？何谓工序分散？它们各有何特点？

3-13　何谓加工余量？何谓工序余量和总余量？影响加工余量的因素有哪些？

3-14　如何确定数控加工的走刀路线？

3-15　什么是对刀点？如何选择？

3-16　什么是刀位点？常用刀具的刀位点如何确定？

3-17　确定切削用量的原则是什么？

3-18　欲在某工件上加工 $\phi 72.5^{+0.03}_{0}$ mm 孔，其材料为 45 钢，加工工序为：扩孔、粗镗孔、半精镗、精镗孔、精磨孔。已知各工序尺寸及公差如下：

精磨—— $\phi 72.5^{+0.03}_{0}$ mm；粗镗—— $\phi 68^{+0.3}_{0}$ mm；精镗—— $\phi 71.8^{+0.046}_{0}$ mm；

扩孔—— $\phi 64^{+0.46}_{0}$ mm；半精镗—— $\phi 70.5^{+0.19}_{0}$ mm；模锻孔—— $\phi 59^{+1}_{-2}$ mm。

试计算各工序加工余量及余量公差。

3-19　如图 3-70 所示的零件，内、外圆及端面已加工，现需铣出右端槽，并保证尺寸 $5^{0}_{-0.06}$ mm 及 (20 ± 0.2) mm，求试切调刀的测量尺寸 H、A 及其上、下偏差。

3-20　图 3-71 所示的工件成批生产时用端面 B 定位加工表面 A（调整法），以保证尺寸 $10_{-0.02}^{0}$ mm，试标注铣削表面 A 时的工序尺寸及上、下偏差。

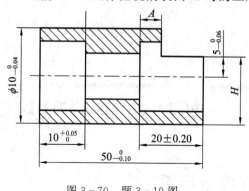

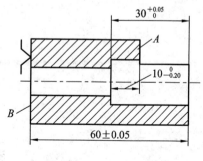

图 3-70　题 3-19 图

图 3-71　题 3-20 图

3-21　图 3-72 所示的零件镗孔工序在 A、B、C 面加工后进行，并以 A 面定位。设计尺寸为 (100 ± 0.15) mm，但加工时刀具按定位基准 A 进行调整。试计算工序尺寸 L 及上、下偏差。

3-22　图 3-73 所示的零件在车床上加工阶梯孔时，尺寸 $10_{-0.4}^{0}$ mm 不便测量，而需要测量尺寸 x 来保证设计要求。试换算该测量尺寸。

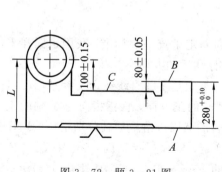

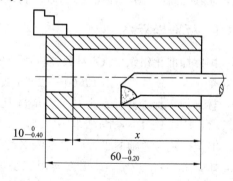

图 3-72　题 3-21 图

图 3-73　题 3-22 图

3-23　衬套内孔要求渗氮，其加工工艺过程为：

（1）先磨内孔至 $\phi142.78_{0}^{+0.04}$ mm；

（2）渗氮处理深度为 L_1；

（3）再终磨内孔至 $\phi143_{0}^{+0.04}$ mm，并保证留有渗氮层深度为 0.4 ± 0.1 mm，求渗氮处理深度 L_1 公差应为多大？

3-24　常用的数控加工工艺文件有哪些？

本章学习参考书

[1] 翟瑞波. 数控加工工艺与编程[M]. 北京：中国劳动社会保障出版社，2010.

[2] 王彩霞. 机械制造技术[M]. 北京：国防工业出版社，2010.

[3] 周建强. 数控加工技术[M]. 北京：中国人民大学出版社，2010.

第 *4* 章

数控机床编程基础

4.1 数控机床坐标系

数控加工中，对零件上某个位置的描述是通过坐标系来实现的。零件上任何一个位置都可以参照某一个基准点，准确地用坐标描述，这个基准点常被称为坐标系原点。进行数控加工之前，必须建立适当的坐标系。数控系统厂家、数控机床制造厂及数控机床的用户也必须要有一个统一的坐标系标准。

注：因与程序格式保持一致，本章物理量均为正体。

4.1.1 标准坐标系

国际标准化组织（ISO）对数控机床的坐标和方向制定了统一的标准，我国也同样采用了这个标准，命名 GB/T 19660—2005 数控机床坐标和运动方向。

标准规定标准坐标系为右手直角笛卡儿坐标系，规定基本的直线运动坐标轴用 X、Y、Z 表示，如图 4-1(a)所示。图中大拇指的指向为 X 轴的正方向，食指指向为 Y 轴的正方向，中指指向为 Z 轴的正方向。围绕 X、Y、Z 轴旋转的圆周进给坐标轴分别用 A、B、C 表示，如图 4-1(b)所示，其正方向用右手螺旋法则确定，以大拇指指向 +X、+Y、+Z 方向，则其余四指的握拳方向分别代表圆周进给运动的 +A、+B、+C，如图 4-1(c)所示。

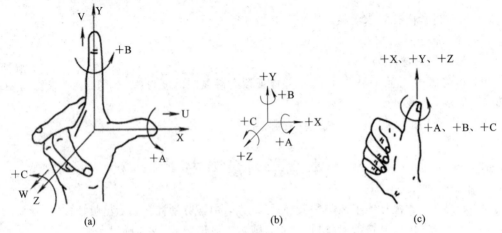

图 4-1 右手直角笛卡儿坐标系

标准规定上面的法则适合于工件固定不动、刀具移动的情况；如果实际机床是工件移动、刀具固定，则坐标轴的正方向相反，并加"'"表示。

　　这样规定之后，编程人员在编程时不必考虑具体的机床上是将工件固定还是将工件移动进行加工的，而是永远假设工件固定不动、刀具移动来决定机床坐标的正方向。

4.1.2　坐标轴及方向的确定

　　标准规定机床某运动部件的正方向为刀具远离工件的方向。坐标轴确定的顺序为：先确定 Z 轴，再确定 X 轴，最后确定 Y 轴。

1. Z 坐标轴

　　Z 坐标轴是传递主切削动力的轴，表现为加工过程带动工具或工件旋转。例如，数控车床和数控外圆磨床为主轴带动工件旋转，如图 4 - 2 所示。数控铣床、数控钻床等则是主轴带动刀具旋转，如图 4 - 3 所示。

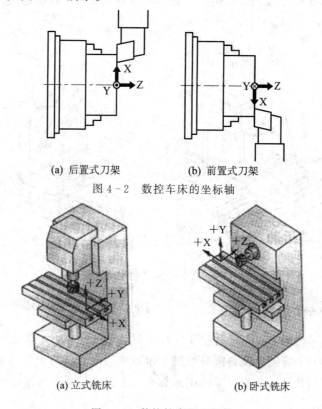

(a) 后置式刀架　　　　　　　(b) 前置式刀架

图 4 - 2　数控车床的坐标轴

(a) 立式铣床　　　　　　　(b) 卧式铣床

图 4 - 3　数控铣床的坐标轴

　　标准规定与机床主轴重合或平行的刀具运动坐标为 Z 轴，远离工件的刀具运动方向为 Z 轴的正方向（＋Z）。若机床有多个主轴时，则选垂直于工件装夹面的主轴为主要的主轴，与该轴重合或平行的刀具运动坐标为 Z 轴。若机床没有主轴，例如悬臂刨床，则 Z 轴垂直于工件在机床工作台上的定位表面。

2. X 坐标轴

　　X 坐标轴通常平行于工件的装夹平面，一般在水平面内。在工件旋转的机床（如车床、外圆磨床）上，X 轴的运动方向是径向的，与横向导轨平行。刀具离开工件旋转中心的方向是正方向。对于刀具旋转的机床，若 Z 轴为水平(如卧式铣床、镗床)，则沿刀具主轴后端向工件方向看，右手平伸出的方向为 X 轴正向，若 Z 轴为垂直(如立式铣、镗床、钻床)方向，则从刀具主轴向床身立柱方向看，右手平伸出的方向为 X 轴正向，如图 4-2 和图 4-3 所示。

3. Y 坐标轴

在确定了 X、Z 坐标轴的正方向后，即可按右手直角笛卡儿坐标系确定出 Y 坐标轴的方向，如图 4-2 和图 4-3 所示。

4. 附加坐标系

此外，如果数控机床的运动坐标多于 X、Y、Z 三个坐标，则用附加坐标轴 U、V、W 分别表示平行于 X、Y、Z 三个坐标的第二组直线运动，如图 4-4 所示；如还有平行于 X、Y、Z 轴的第三组直线运动，则附加坐标轴分别指定为 P、Q、R 轴。如果在第一组回转运动 A、B、C 之外还有平行 A、B、C 的第二组回转运动，则分别指定为 D、E、F。

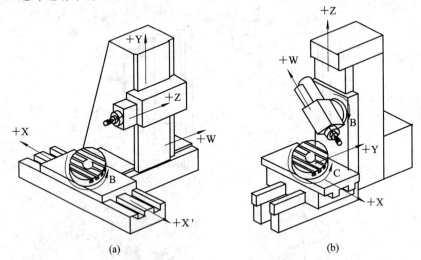

图 4-4 数控铣床的附加坐标系

4.1.3 常用坐标系

数控机床加工零件的过程是通过机床、刀具和工件三者的协调运动完成的。坐标系正是起这种协调作用的。它能保证各部分按照一定顺序运动而不至于相互干涉。数控加工中常用到两个坐标系和几个特殊点，即机床坐标系、工件坐标系、机床原点、机床参考点和工件原点。

1. 机床坐标系及机床原点

机床坐标系是以机床原点为基准而建立的坐标系，机床原点(亦称为机床零点)是机床上设置的一个固定点，即机床坐标系的原点。它在机床装配、调试时就已调整好，一般情况下不允许用户进行更改，因此机床原点是一个固定点。机床原点也是数控机床进行加工运动的基准参考点。

1) 数控车床的机床坐标系

数控车床坐标系如图 4-5 所示，Z 轴与车床导轨平行(取卡盘中心线)，正方向是远离车床卡盘的方向，X 轴与 Z 轴垂直，平行于横向滑座，正方向是刀具远离主轴轴线的方向，坐标原点 O 定在卡盘前端面与中心线交点处。

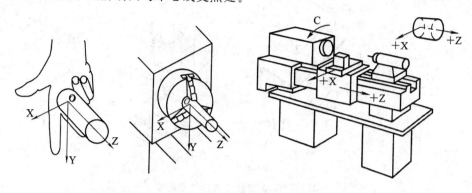

图 4-5　数控卧式车床坐标系

通常，当数控车床配置后置刀架时，其坐标系的表示形式如图 4-6 所示，机床原点为 **165** 主轴轴线与主轴前端面的交点，即图中的 O 点。数控车床坐标系的原点也称为机械原点。从机床设计的角度来看，该点位置可任选，但从使用某一具体机床来看，这点却是机床上一个固定的点。

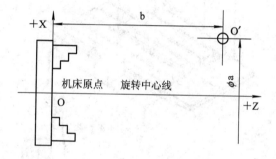

图 4-6　数控车床机床坐标系

为了正确地建立机床坐标系，通常在每个坐标轴的移动范围内设置一个机床参考点作为测量起点，它是机床坐标系中一个固定不变的极限点，其固定位置由各轴向的机械挡块来确定。一般数控机床开机后，通常要进行机动或手动回参考点以建立机床坐标系。

机床参考点可以与机床零点重合也可以不重合，通过参数指定机床参考点到机床零点的距离。机床回到了参考点位置也就知道了该坐标轴的零点位置，找到所有坐标轴的参考点，机床坐标系就建立起来了。机床参考点在数控机床出厂时就已经调好并记录在机床使用说明书中，供用户编程使用，一般情况下，不允许随意变动机床参考点。

2）数控铣床及加工中心的机床坐标系

数控铣床 Z 坐标由传递切削力的主轴所决定，在有主轴的机床中与主轴轴线平行的坐标轴即为 Z 轴。根据坐标系正方向的确定原则，在钻、镗、铣加工中，钻入或镗入工件的方向为 Z 轴的负方向。

X 坐标一般为水平方向，它垂直于 Z 轴且平行于工件的装夹。对于立式铣床，Z 方向是垂直的，站在工作台前，从刀具主轴向立柱看，水平向右方向为 X 轴的正方向，如图 4-7所示。如果 Z 轴是水平的，则从主轴向工件看（即从机床前面向工件看），向左方向为 X 轴的正方向，如图 4-8 所示。

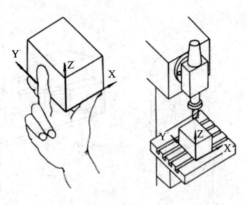

图4-7 立式数控铣床的坐标系

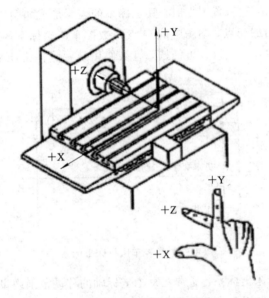

图4-8 卧式数控铣床的坐标系

Y坐标垂直于X、Z坐标轴,根据右手笛卡儿坐标系来进行判别。

数控铣床(加工中心)的机床原点一般设在刀具远离工件的极限点处,即坐标正方向的极限点处,并由机械挡块来确定其具体的位置。机床参考点是数控铣床上一个特殊位置的点,一般位于靠近机床原点的位置,并由机械挡块来确定其具体的位置。机床参考点与机床原点的距离由系统参数设定,其值可以是零,如果其值为零则表示机床参考点与机床零点重合。

对于大多数数控机床,开机第一步总是先使机床返回参考点(即所谓的机床回零)。当机床处于参考点位置时,系统显示屏上显示的机床坐标值即是系统中设定的参考点距离参数值。开机回参考点的目的就是为了建立机床坐标系,即通过参考点当前的位置和系统参数中设定的参考点与机床原点的距离来反推出机床原点的位置。机床坐标系一经建立后,只要机床不断电,将永远保持不变,且不能通过编程来对它进行改变。

2. 工件坐标系及工件原点

工件坐标系是编程人员在编程时使用的，编程人员选择工件上的某一已知点为原点（也称工件原点或程序原点），建立一个新的坐标系，称为工件坐标系，又称为编程坐标系。为了保证编程与加工的一致性，工件坐标系也采用右手笛卡儿坐标系，工件装夹到机床上时，应使工件坐标系与机床坐标系的坐标轴方向保持一致（如图 4 - 9 所示）。工件坐标系一旦建立便一直有效，直到被新的工件坐标系所取代。

工件坐标系的原点是人为设定的，设定的依据是要尽量满足编程简单、尺寸换算少、引起的加工误差小、最好在工件的对称中心上等条件。一般情况下，程序原点应选在尺寸标注的基准或定位基准上。为方便编程，数控车床的工件原点一般建立在工件右端面的圆心上，工件直径方向为 X 轴方向，工件轴线方向为 Z 轴方向，如图 4 - 9 所示。数控铣床的工件原点一般选择在零件的对称点且在零件的上表面上，如图 4 - 10 所示。

167

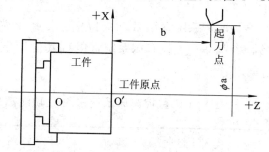

图 4 - 9　数控车床的工件坐标系

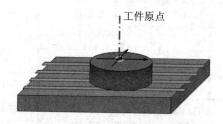

图 4 - 10　数控铣床的工件坐标系

4.2　程序字及程序结构

程序字的简称是字，它是数控机床的专用术语。它的含义是：一套有规定次序的字符，可以作为一个信息单元存储、传递和操作，如 X150 就是"字"。加工程序中常见的字都是由地址字符与随后的若干位十进制数字字符组成的。地址字符后续数字字符间可加正负号。常用的程序字按其功能不同可分为七种类型，它们分别称为顺序号字、准备功能字、坐标尺寸字、进给功能字、主轴转速功能字、刀具功能字和辅助功能字。

4.2.1　程序字

1. 顺序号字

顺序号字也称为程序段号或程序段序号。顺序号字位于程序段之首，它的地址符是

N，后续数字一般为 2~4 位。数字部分应为正整数，数字与数字间不允许有空格，数字可以不连续使用。顺序号不是程序段的必用字，可以每个程序段都设顺序号，也可以只在部分程序段中设顺序号，有了顺序号便于对程序作校对和检索修改。

2.准备功能字

准备功能字的地址符是 G，所以又称 G 指令或 G 功能。它的定义是：建立机床或控制系统工作方式的一种指令。准备功能字中后续数字大多为两位正整数(包括 00)。不少机床此处的前置"0"允许省略，如 G4，实际就是 G04。随着数控机床功能的增加，G00~G99 已不够使用，所以有些数控系统的 G 功能字中的后续数字已经使用三位数。现在国际上实际使用的 G 功能字的标准化程度较低，只有 G00~G04、G17~G19、G40~G42 等，其含义在各个系统中基本相同。有些数控系统规定可使用几类 G 指令，用户在编程时必须遵照机床编程说明书进行。

表 4-1 为 FANUC 数控车床系统常用 G 功能指令。表 4-2 为 FANUC 数控铣床系统常用 G 功能指令。表 4-3 为华中数控车床系统常用 G 功能指令。表 4-4 为华中数控铣床系统常用 G 功能指令。

表 4-1 FANUC 数控车床系统常用 G 功能指令

代码	组	意义	代码	组	意义	代码	组	意义
*G00	01	快速点定位	G30	00	回第 2、3、4 参考点	G70	00	精加工循环
G01		直线插补	G31		跳转功能	G71		粗车外圆
G02		顺圆插补	G32	01	螺纹切削	G72		粗车端面
G03		逆圆插补	G34		变螺距螺纹切削	G73		多重车削循环
G04		暂停延时	*G40	07	刀补取消	G74		排削钻端面孔
G10		可编程数据输入	G41		左刀补	G75		外径/内径钻孔
G11		可编程数据输入方式取消	G42		右刀补	G76		车螺纹复合循环
*G18	16	ZX 平面选择	G50	00	坐标系设定或最大主轴速度设定	G90	01	车外圆固定循环
G20	06	英制单位	G50.3		工件坐标系预置	G92		车螺纹固定循环
*G21		公制单位	G52	00	局部坐标系设置	G94		车端面固定循环
*G22	09	存储行检查接通	G53		机床坐标系设定	G96	02	恒表面切削速度控制
G23		存储行检查断开	G54~G59	14	零点偏置	*G97		恒表面切削速度控制取消
G27	00	回参考点检查	G65	00	宏程序调用	G98	05	每分钟进给方式
G28		回参考点	G66	12	宏程序模态调用	*G99		每转进给方式
			*G67		宏程序模态调用取消			

表 4-2　FANUC 数控铣床系统常用 G 功能指令

代码	组	意义	代码	组	意义	代码	组	意义
* G00		快速点定位	* G40		刀补取消	G83		钻深孔固定循环
G01		直线插补	G41	07	左刀补	G84		攻螺纹循环
G02	01	顺圆插补	G42		右刀补	G85		镗削固定循环
G03		逆圆插补	G43		刀具长度正补偿	G86	09	镗孔循环
			G44	08	刀具长度负补偿			
G04	00	暂停延时	G49		刀具长度补偿取消	G87		背镗循环
* G17		选择 XY 平面	G54～	14	零点偏置	G88		镗孔循环
G18	02	选择 XZ 平面	G59			G89		镗孔循环
G19		选择 YZ 平面	G73		深孔钻削固定循环	G90	03	绝对方式指定
G20		英制单位	G74		左螺纹攻螺纹固定循环	G91		相对方式指定
* G21		公制单位	G76		精镗固定循环	G92	00	工作坐标系
G27	06	回参考点检查	G80	09	固定循环取消	G98	10	返回固定循环初始点
G28		回归参考点	G81		钻削固定循环	G99		返回固定循环 R 点
G29		由参考点回归	G82		锪孔循环			

注：① 表内 00 组为非模态指令，只在本程序段内有效。其他组为模态指令，一次指定后持续有效，直到被本组其他代码所取代。

② 标有 * 的 G 代码为数控系统通电启动后的默认状态。

表 4-3　华中数控车床系统常用 G 功能指令

代码	组	意义	代码	组	意义	代码	组	意义
* G00		快速点定位	* G36	16	直径编程	G73	06	封闭车削循环
G01		直线插补	G37		半径编程	G76		车螺纹复合循环
G02	01	顺圆插补	* G40		刀补取消	G80		内外径车削固定循环
G03		逆圆插补	G41	09	左刀补	G81	01	端面车削固定循环
G04	00	暂停延时	G42		右刀补	G82		螺纹车削固定循环
G20		英制单位	G52	00	局部坐标系设置	G90		绝对值编程
* G21	08	公制单位	G54～G59	11	零点偏置	G91	13	增量值编程
G28		回参考点	G65	00	宏程序调用	G92	00	工件坐标系设定
G29	00	有参考点返回	G71		内外径车削复合循环	G94		每分钟进给方式
G32	01	螺纹切削	G72	06	端面车削复合循环	* G95	14	每转进给方式

169

表 4-4 华中数控铣床系统常用 G 功能指令

代码	组	意义	代码	组	意义	代码	组	意义
*G00	01	快速点定位	G28	00	回归参考点	G80	09	固定循环取消
G01		直线插补	G29		由参考点回归	G81		钻削固定循环
G02		顺圆插补	*G40	07	刀补取消	G82		锪孔循环
G03		逆圆插补	G41		左刀补	G83		钻深孔固定循环
G04	00	暂停延时	G42		右刀补	G84		攻右旋螺纹循环
G07	16	虚轴指定	G43	08	刀具长度正补偿	G85		镗削固定循环
G09	00	准停校验	G44		刀具长度负补偿	G86		镗孔循环
*G17	02	选择 XY 平面	G49		刀具长度补偿取消	G87	09	背镗循环
G18		选择 XZ 平面	G50	04	缩放关	G88		镗孔循环
G19		选择 YZ 平面	G51		缩放开	G89		镗孔循环
G20	08	英制单位	G52	00	局部坐标系设定	G90	03	绝对方式指定
*G21		公制单位	G53		直接机床坐标系编程	G91		相对方式指定
G22		脉冲当量	G54~G59	14	零点偏置	G92	00	工作坐标系
G24	03	镜像开	G73	09	深孔钻削固定循环	G98	10	返回固定循环初始点
G25		镜像关	G74		攻左旋螺纹固定循环	G99		返回固定循环 R 点
			G76		精镗固定循环			

3. 坐标尺寸字

尺寸字也称为尺寸指令或坐标尺寸。尺寸字在程序段中主要用来指定机床的运动部件到达的坐标位置，表示暂停时间等指令也列入其中。常用的地址符有三组。第一组是 X、Y、Z、U、V、W、R 等，主要用于指定到达点的直线坐标尺寸，有些地址如 X 还可用在 G04 之后制定暂停时间；第二组是 A、B、C、D、E，主要用来指定到达点的角度坐标；第三组是 I、J、K，主要用来指定零件圆弧轮廓圆心点的坐标尺寸。尺寸字中地址符的使用虽然有一定的规律，但是不同的数控系统中往往还有一些差别。

4. 进给功能字

进给功能字的地址符用 F 表示，所以又称为 F 功能或 F 指令。它的功能是指定切削的进给速度。现在一般都能使用直接指定方式，即可用 F 后的数字直接指定进给速度。对于数控车床，可用对应的 G 指令表示，指令分为每分钟进给和每转进给两种。

F 指令在螺纹切削程序段中常用来指定螺纹的导程。

5. 主轴转速功能字

主轴转速功能字用来指定主轴的转速，单位为 r/min，地址符为 S，所以又称 S 功能或 S 指令。中档以上的数控机床主轴驱动已采用主轴控制单元，它们的转速可以直接指定，即用 S 后续数字直接表示每分钟主轴转速（恒转速）。例如，要求 1300 r/min，则指令为 S1300。对于中档以上的数控车床，还有一种切削线速度保持不变的所谓恒线速功能。这意味着在切削过程中，如果切削部位的回转直径不断变化，那么主轴转速也要不断地作相应的变化。在这种场合，程序中的 S 指令是指定车削加工的线速度。

（1）恒转速控制。

格式：G97 S＿＿；

该指令中的 S 指定的是主轴转速，单位为 r/min。该状态一般为数控车床的默认状态，通常，在一般情况下都采用这种方式，特别是螺纹车削时，必须设置成恒转速控制方式。

（2）恒线速控制。

格式：G96 S＿＿；

该指令中的 S 指定的是主轴的线速度，单位为 m/min。此指令一般在车削盘类零件的端面或零件直径变化比较大的情况下采用，这样可以保证直径变化、主轴线速度不变，从而保证切削速度不变，使工件表面的粗糙度保持一致。

例：　G96 S250；表示设定的线速度控制在 250 m/min。

171

（3）最高转速限制。

格式：G50 S＿＿；

当采用 G96 方式加工零件时，线速度保持不变，当直径逐渐变小时，它的主轴转速会越来越高，为防止主轴转速太高，离心力过大，产生危险以及影响机床的使用寿命，采用此指令可限制主轴的最高转速，此指令一般配合 G96 使用。

例：　G50 S2000；表示最高转速限制在 2000 r/min。

6. 刀具功能字

刀具功能字用地址符 T 及随后的数字表示，所以也称为 T 功能或 T 指令。T 指令的功能含义主要是用来指定加工时用的刀具号。例如，T1 表示调用 1 号刀具进行切削加工，对于数控车床，其后的数字还兼作指定刀具长度补偿和刀尖圆弧半径补偿用。

7. 辅助功能字

辅助功能字由地址符 M 及随后两位数字组成，所以也称为 M 功能或 M 指令。它用来指定数控机床辅助装置的接通和断开（即开关动作），表示机床各种辅助动作及其状态。它与 G 指令一样，M 指令在实际使用中的标准化程度也不高。各种系统 M 代码含义差别很大，但 M00～M05 及 M30 等含义是一致的。随着数控技术的发展，两位的 M 代码已经不够使用，所以当代数控机床已有不少使用三位的 M 代码。常用的 M 代码见表 4－5。

表 4－5　FANUC 数控铣床系统常用 M 功能指令

序号	代码	功　能	序号	代码	功　能
1	M00	程序停止	7	M06	自动换刀
2	M01	计划停止	8	M08	冷却开
3	M02	程序结束	9	M09	冷却关
4	M03	主轴正转	10	M30	复位并返回程序开始
5	M04	主轴反转	11	M98	子程序调用
6	M05	主轴停止	12	M99	子程序结束

4.2.2　程序段格式

程序段是作为一个单位处理的连续字组，它是数控加工程序中的语句，多数程序段是用来指定机床完成某一个动作。程序的主体是由若干个程序段组成的，各程序段之间用程序段结束符来分开。

在数控机床的发展过程中曾经用过固定顺序格式和分隔符程序段格式（也叫分隔符顺序格式）。这两种形式目前已经过时，现在都使用字地址可变程序段格式，又称为字地址格式。对于这种格式，程序段由若干个字组成，且上一段程序中已经写明，本程序段里又不必变化的那些字仍然有效，可以不再重写。具体地说，对于模态 G 功能，在前面程序段中已有时可不再出现。下面列出某程序中的两个程序段：

    N20 G01 X80 Z50 F0.4 S600 T0202 M03；

    N25 X100；

这两个程序段字数相差比较大，绝大多数数控系统对程序段中各类字的排列不要求有固定的顺序，即在同一段程序中各程序字的位置可以任意排列。上述 N20 段也可写成：

    N20 T0202 S600 F0.4 M03 Z50 X80 G01；

当然，还有很多种排列形式，它们对数控系统是等效的。在大多数场合下，为了书写、输入、检查和校对方便，程序字在程序段中习惯按一定的顺序排列，即可按下列顺序排列：

    N_ G_ X_ Y_ Z_ F_ S_ T_ M；

4.2.3　加工程序的一般格式

常规加工程序由程序名（单列一段）、程序主体（若干段）和程序结束指令（单列一段）组成。

1. 程序名

程序名位于程序主体之前，它一般独占一行。程序名有两种形式：一种是由英文字母 O 和 1～4 位正整数组成（FANUC 系统）；另一种是由％和 1～4 位正整数组成（华中系统），程序名用哪种形式是由数控系统决定的。

2. 程序主体

程序主体是由若干个程序段组成的，每个程序段一般占一行。程序主体是数控加工所有操作信息的具体描述。

3. 程序结束指令

程序结束指令可以用 M02 或 M30 表示，一般要求单列一段。

加工程序的一般格式举例如下：

    （FANUC 系统）
    O1000   程序名
    N10 G54 G00 X30 Y50 M03 S1000；
    N20 G01 X80 Y100 F200 T01；
    N30 X90；   程序主体
    …

N200 M30；　　　　　　　　　　　　　程序结束

（华中系统）

%1000　　　　　　　　　　　　　　　程序名

N10 G54 G00 X30 Y50 M03 S1000；

N20 G01 X80 Y100 F200 T01；

N30 X90；　　　　　　　　　　　　　程序主体

...

N200 M30；　　　　　　　　　　　　　程序结束

4.3　数控基本编程指令

4.3.1　数控车床基本编程指令

以 FANUC 系统（华中系统与其相同）的常用指令为例进行介绍。

1. 绝对值方式及增量值方式编程

编写程序时，可以用绝对值方式编程，也可以用增量值方式编程，或者用二者混合编程。用绝对值方式编程时，程序段中的轨迹坐标都是相对于某一固定编程坐标系原点所给定的绝对尺寸，用 X、Z 及其后面的数字表示。同时需要说明的是，在数控车床上编程时，不论是按绝对值方式编程，还是按增量值方式编程，X、U 坐标值应以实际位移量乘以 2，即以直径方式输入，且有正负号。Z、W 坐标值为实际位移量。

以图 4 - 11 为例，刀具从坐标原点 O 依次沿 A→B→C→D 运动，用绝对值方式编程。

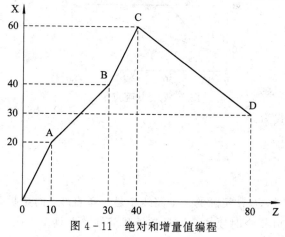

图 4 - 11　绝对和增量值编程

程序如下：

N01 G01 X40 Z10 F0.3；　　　（O→A)(进给速度为 120 mm/min)

N02 X80 Z30；　　　　　　　　　(A→B)

N03 X120 Z40；　　　　　　　　(B→C)

N04 X60 Z80.0；　　　　　　　　(C→D)

N05 M30；

　　用增量值编程时，程序段中的轨迹坐标都是相对于前一个位置坐标的增量尺寸，用 U、W 及其后的数字分别表示 X、Z 方向的增量尺寸。仍以图 4-11 为例，在下列用增量值编写的程序中，各点坐标都是相对于前一点位置来编写的。

　　　　N01 G01 U40 W10 F0.3；　　（O→A）

　　　　N02 U40 W20；　　　　　　（A→B）

　　　　N03 U40 W10；　　　　　　（B→C）

　　　　N04 U−60 W40；　　　　　（C→D）

　　　　N05 M30；

2. 快速点定位运动指令 G00

　　指令格式：G00 X(U)＿ Z(W)＿；

　　其中 X(U)、Z(W) 为目标点坐标。

　　G00 指令是刀具以点定位控制方式从刀具所在点快速运动到下一个目标点位置。

　　说明：

　　（1）执行该指令时，移动速度不需要在程序中设定，其速度已由生产厂家预先调定。若编程时设定了进给速度 F，则它对 G00 程序段无效。

　　（2）G00 为模态指令。

　　（3）X、Z 后面跟的是绝对尺寸，U、W 后跟的是增量尺寸。

　　（4）X、U 坐标应以直径方式输入，且有正负号；Z、W 坐标值为实际位移量。

　　以图 4-12 为例，刀具从初始点 A 运动到目标点 B。

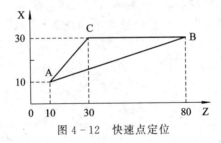

图 4-12　快速点定位

　　其绝对值编程方式为：

　　　　G00 X60 Z80；

　　其增量值编程方式为：

　　　　G00 U40 W70；

　　执行上述程序段时，刀具实际的运动路线不是一条直线，而是折线（从 A 到 C，由 C 到 B）。因此，在使用 G00 指令时要注意刀具是否和工件及夹具发生干涉，对不适合联动的场合，两轴可单动。如果忽略这一点，刀具和工件就容易发生碰撞，而在快速状态下的碰撞则更危险。

　　单动绝对值编程方式为：

　　　　G00 X60；

　　　　　　Z80；

单动增量值编程方式为：

  G00 U40；

    W70；

3. 直线插补指令 G01

指令格式：G00 X(U)__Z(W)__F__；

其中：X(U)、Z(W)为目标点坐标；F 为进给速度，单位为 mm/r。

直线插补也称为直线切削。它的特点是：刀具以直线插补运算联动方式由某坐标点移动到另一坐标点，移动速度由进给功能指令 F 来设定。机床执行 G01 指令时，在该程序段中必须含有 F 指令。

说明：

（1）G01 指令是模态指令。

（2）G01 指令后面的坐标值取绝对尺寸还是取增量尺寸，由尺寸地址决定。

（3）进给速度由模态指令 F 指定，可以用 G00 指令取消。

以图 4-13 为例，对工件进行精加工。选右端面与轴线交点 O 为工件坐标系原点。

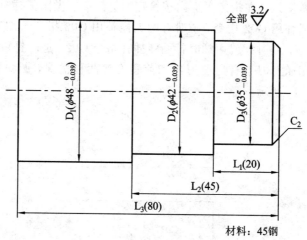

图 4-13　直线插补例题图

绝对值编程方式：

  N01 G54 G00 X100 Z100；

  N02 G00 X25 Z3 S800 T0101 M03；

  N03 G01 X35 Z−2 F0.3；

  N04 Z−20；

  N05 X42；

  N06 Z−45；

  N07 X48；

  N08 Z−80；

  N09 X55；

  N10 G00 X100 Z100；

  N11 M05；

N12 M30；

增量值编程方式：

N01G00 U−75 W−97 S800 T0101 M03；

N02 G01 U10 W−5 F0.3；

N03 W−18；

N04 U7；

N05 W−25；

N06 U6；

N07 W−35；

N08 U7；

N09 G00 U45 W180；

N10 M05；

N11 M30；

4. 圆弧插补指令 G02/G03

圆弧插补指令是使刀具在指定平面内按给定的进给速度做圆弧插补运动，切削出圆弧曲线。顺时针圆弧插补用 G02 指令，逆时针圆弧插补用 G03 指令。在判断圆弧顺、逆时，从 Y 轴负方向去观察，顺时针就用顺时针圆弧插补指令 G02，逆时针就用逆时针圆弧插补指令 G03。在数控车床上刀架有后置刀架和前置刀架两种情况，圆弧插补指令 G02/G03 方向的规定如图 4-14 所示。

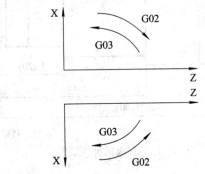

图 4-14　圆弧插补指令 G02/G03 方向的规定

加工圆弧时，经常采用两种编程方法：

(1) 用圆弧终点坐标和半径 R 编写圆弧加工程序。

程序格式：G02/G03 X(U)__Z(W)__R__F__；

说明：

① 首先分清圆弧的加工方向，确定是顺时针圆弧还是逆时针圆弧，选择圆弧加工指令。

② X、Z 后跟绝对尺寸，表示圆弧终点的坐标值；U、W 后跟增量尺寸，表示圆弧终点相对于圆弧起点的增量值；X、U 均采用直径值编程。

③ 用圆弧半径 R 和终点坐标来加工圆弧时，由于在同一半径的情况下，从圆弧的起点 A 到终点 B 有两个圆弧的可能性。为区分两者，规定圆心角小于等于 180°时，用"＋R"表

示，反之，用"−R"表示。

（2）用分矢量 I、K 和圆弧终点坐标进行圆弧插补。

指令格式：G02/G03 X(U)＿Z(W)＿I＿K＿F＿；

说明：

① 用分矢量 I、K 和圆弧终点坐标编写圆弧加工程序时，应首先找到圆弧的方向矢量，即从圆弧起点指向圆心的矢量，然后将之在 X 轴和 Z 轴上分解，分解后的矢量分别用其在 X 轴和 Z 轴上的投影 I、K 加上正负号表示，当分矢量 I、K 的方向与坐标轴的方向不一致时取负号。

② X 轴上的分矢量 I 用半径值编程。

以图 4－15(a)为例，用顺时针圆弧插补指令完成程序编制。

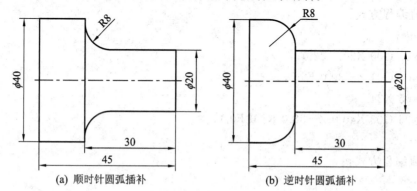

(a) 顺时针圆弧插补　　　　　　(b) 逆时针圆弧插补

图 4－15　圆弧插补例题图

方法一：用 R 表示圆心位置

绝对值编程方式：

　　…

　　N03 G00 X20.0 Z2.0；

　　N04 G01 Z−22.0 F0.2；

　　N05 G02 X36.0 Z−30.0 R8.0 F0.1；

　　…

增量值编程方式：

　　…

　　N03 G00 U−18.0 W−98.0；

　　N04 G01 W−24.0 F0.2；

　　N05 G02 U16.0 W−8.0 R8.0 F0.1；

　　…

方法二：用 I、K 表示圆心位置

绝对值编程方式：

　　…

　　N03 G00 X20.0 Z2.0；

　　N04 G01 Z−22.0 F0.2；

N05 G02 X36.0 Z−30.0 I8.0 K0 F0.1；

……

增量值编程方式：

……

N03 G00 U−18.0 W−98.0；

N04 G01 W−24.0 F0.2；

N05 G02 U16.0 W−8.0 I8.0 K0 F0.1；

……

以图 4−15(b)为例，用逆时针圆弧插补指令完成程序编制。

方法一：用 R 表示圆心位置

绝对值编程方式：

……

N03 G00 X20.0 Z2.0；

N04 G01 Z−30.0 F0.2；

N05 X24.0；

N06 G03 X40.0 Z−38.0 R8.0 F0.1；

……

增量值编程方式：

……

N03 G00 U−180.0 W−98.0；

N04 G01 W−30.0 F0.2；

N05 U4.0；

N06 G03 U16.0 W−8.0 R8.0 F0.1；

……

方法二：用 I、K 表示圆心位置

绝对值编程方式：

……

N03 G00 X20.0 Z2.0；

N04 G01 Z−30.0 F0.2；

N05 X24.0；

N06 G03 X40.0 Z−38.0 I0 K−8.0 F0.1；

……

增量值编程方式：

……

N03 G00 U−180.0 W−98.0；

N04 G01 W−30.0 F0.2；

N05 U4.0；

N06 G03 U16.0 W−8.0 I0 K−8.0 F0.1；

……

5. 刀尖圆弧半径补偿 G41/G42

编程时，通常都将车刀的刀尖作为一个点来考虑，但实际上刀具或多或少都存在一定的圆角，如图 4-16 所示。当用有圆角的刀具而未进行刀尖圆弧补偿加工端面、外径、内径等与轴线平行或垂直的表面时，是不会产生误差的，但在加工锥面、圆弧时，则会出现少切或过切现象，如图 4-17 所示。如果加工时由数控系统将刀尖圆弧半径进行补偿，编程时，只需按照工件的实际轮廓尺寸编程就可得到所需要的工件形状。

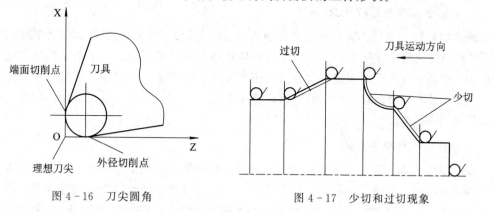

图 4-16　刀尖圆角　　　　　　　图 4-17　少切和过切现象

刀尖圆弧半径补偿的指令：

G41——刀具左补偿，沿着刀具进给方向向前看，刀具在工件的左侧；

G42——刀具右补偿，沿着刀具进给方向向前看，刀具在工件的右侧；

G40——取消刀具圆弧半径补偿。

注意：

（1）G41 或 G42 指令必须和 G00、G01 指令一起使用，加工完成后需用 G40 指令撤销补偿。

（2）建立补偿的程序段，一般应在切入工件之前且为空行程时建立。

（3）撤销补偿的程序段，一般应在切出工件之后进行。

4.3.2　数控铣床基本编程指令

以 FANUC 系统的常用指令为例进行介绍（华中系统与其相同）。

1. 绝对坐标指令与增量坐标指令 G90/G91

G90 表示程序语句中的坐标为绝对坐标值，即从编程零点开始的坐标值。G91 表示程序语句中的坐标为增量坐标值，即指刀具从当前位置到下一个位置之间的增量值。在数控铣床系统中，绝对坐标编程与增量坐标编程、坐标轴字地址都为 X、Y、Z。

2. 工件坐标系的原点设置选择指令 G54～G59

一般数控机床可以预先设定 6 个（G54～G59）工件坐标系，这些坐标系在机床重新开机时仍然存在。6 个工件坐标系皆以机床原点为参考点，分别测出工件原点相对于机床原点的坐标值，即原点偏置值，并输入到 G54～G59 对应的存储单元中。在执行程序时，遇到 G54～G59 指令后，便将对应的原点偏置值取出来参加计算，从而得到刀具在机床坐标系中的坐标值，控制刀具运动。

例如现测得原点偏置值，则 G54 偏置寄存器中坐标值输入为：

	X	Y	Z
G54	−310.56	−246.15	−210.38

此时，工件原点在机床坐标系中的坐标值为 X−310.56、Y−246.15、Z−210.38。若程序编为 G90 G54 G00 X0 Y0 Z10.0；则刀具自动位于工件原点上方 10.0 mm 处（仅与工件原点有关），此时机床坐标自动计算为 X−310.56、Y−246.15、Z−200.38。

3. 坐标平面指令 G17/G18/G19

准备功能指令 G17、G18 和 G19 分别指定空间坐标系中的 XY 平面、XZ 平面和 YZ 平面，其作用是让机床在指定坐标平面上进行插补加工和加工补偿。对于三坐标数控铣床和铣镗加工中心，开机后数控装置自动将机床设置成 G17 状态，如果在 XY 坐标平面内进行轮廓加工，就不需要由程序设定 G17。数控车床总是在 XZ 坐标平面内运动，在程序中也不需要用指令指定。

4. 快速点定位指令 G00

G00 指令要求刀具以点位控制方式从刀具所在位置用最快的速度移动到指定位置。它只实现快速移动，并保证在指定的位置停止，在移动时对运动轨迹与运动速度并没有严格的精度要求。如果两坐标轴的脉冲当量和最大速度相等，运动轨迹是一条 45°斜线。如果是一条非 45°斜线，刀具的运动轨迹可能是一条折线。例如图 4-18 所示，使用快速点定位指令 G00 编写程序，程序的起始点是工件坐标系原点 O，先从 O 点快速移动到参考点 A，紧接着快速移至参考点 B，执行程序时刀具移动轨迹是两条折线，如图 4-18 中粗线所示。其程序如下：

绝对尺寸编程方式：

    G90 G00 X195.0 Y100.0;　　　（由 O 快速移至 A 点）

            X300.0 Y 50.0;　　　（由 A 快速移至 B 点）

增量尺寸编程方式：

    G91 G00 X195.0 Y100.0;　　　（由 O 快速移至 A 点）

            X105.0 Y−50.0;　　　（由 A 快速移至 B 点）

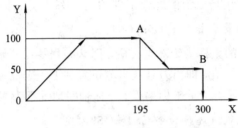

图 4-18　快速点定位

使用 G00 时，应注意以下几点：

（1）G00 是模态指令，上面的例子中，由 A 点到 B 点实现快速点定位时，因前面的程序段已设定了 G00，后面的程序段就可不再重复设定 G00，只写出坐标值即可。

（2）快速点定位的移动速度不能用程序指令设定，它的速度已由生产厂家预先调定或由引导程序确定。若在快速点定位程序段前设定了进给速度 F，则指令 F 对 G00 程序段无效。

（3）快速点定位 G00 的执行过程是刀具由程序起始点开始加速移动至最大速度，然后保持快速移动，最后减速到达终点，实现快速点定位。这样可以提高数控机床的定位精度。

5. 直线插补指令 G01

直线插补也称为直线切削，它的特点是刀具以直线插补运算联动方式由某坐标点移动到另一坐标点，移动速度是由进给功能指令 F 设定的。机床执行 G01 指令时，在该程序段中必须含有 F 指令。G01 和 F 都是模态指令。

图 4-19 所示为 G01 指令编程实例，坐标系原点 O 是程序起始点，要求刀具由 O 点快速移至 A 点，然后沿 AB、BC、CA 实现直线切削，再由 C 点快速返回程序起始点。

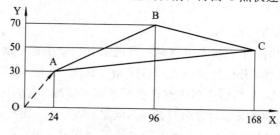

图 4-19　G01 编程举例

其程序如下：

绝对尺寸编程方式：

    N001 G54 S300 T01 M03；　　　（主轴正转转速 300 r/min，使用一号刀具）

    N002 G90 G00 X24.0 Y30.0；　　（快速移至 A 点）

    N003 G01 X96.0 Y70.0 F100；　（以 100 mm/min 的进给速度加工直线段 AB）

    N004 X168.0 Y50.0；　　　　　（加工直线段 BC，进给速度不变）

    N005 X24.0 Y30.0；　　　　　　（加工直线段 CA，进给速度不变）

    N006 G00 X0 Y0；　　　　　　　（快速返回 O 点，程序结束）

    N007 M30；　　　　　　　　　　（程序结束）

增量尺寸编程方式：

    N001 G91 G00 X24.0 Y30.0 S300 T01 M03；

    N002 G01 X72.0 Y40.0 F100；

    N003 X72.0 Y−20.0；

    N004 X−144.0 Y−20.0；

    N005 G00 X−24.0 Y−30.0；

    N006 M30；

6. 圆弧插补指令 G02/G03

圆弧插补指令可以自动加工圆弧曲线。G02 是顺时针方向圆弧插补指令，G03 是逆时针方向圆弧插补指令。各坐标平面的圆弧插补方向如图 4-20 所示。在圆弧插补程序段中必须包含圆弧的终点坐标值（X、Y、Z）和圆心相对圆弧起点的坐标值（I、J、K）或圆弧的半径（R），同时应指定圆弧插补所在的坐标平面。

在 XY 坐标平面上的程序段格式如下：

G17 G02(G03) X_ Y_ I_ J_ F_ ；

或

G17 G02(G03) X_ Y_ R_ F_ ；

在 XZ 坐标平面上的程序段格式如下：

G18 G02(G03) X_ Z_ I_ K_ F_ ；

或

G18 G02(G03) X_ Z_ R_ F_ ；

在 YZ 坐标平面上的程序段格式如下：

G19 G02(G03)Y_ Z_ J_ K_ F_ ；

或

G19 G02(G03)Y_ Z_ R_ F_ ；

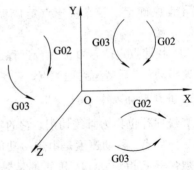

图 4-20　圆弧插补方向图

机床只有一个平面时，平面指令可省略；当机床有三个坐标平面时，因为通常在 XY 平面内加工平面轮廓曲线，开机后自动进入 G17 指令状态，在编写程序时，也可以省略。

采用圆弧 R 编程时，从起始点到终点存在两条圆弧线段，它们的编程参数完全一样，如图 4-21 所示。图中的两条顺时方向圆弧，不但起始点一致，而且圆弧半径相等。为了区分这两种情况，编程时规定：当圆心角小于或等于 180°时，如图中 n 段圆弧，用正半径值（＋R）表示圆弧半径；当圆心角大于 180°时，如图中 m 段圆弧，用负半径值（－R）表示圆弧半径。采用圆弧圆心相对圆弧起点坐标值（I、J、K）编程时，相对坐标值的大小和方向与圆弧方向矢量有关。所谓圆弧方向矢量，就是圆弧线起始点指向圆弧圆心的一条矢量线，矢量方向指向圆心，如图 4-22 所示。图中，矢量 AO 是 XY 坐标平面上圆弧 AB 的方向矢量，I、J 是方向矢量在 X、Y 坐标轴上的分矢量，若分矢量与坐标轴正方向一致时取正值，与坐标轴正方向相反时取负值。图 4-22 中 I、J 的坐标值均取负值。

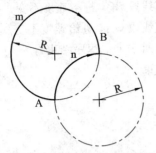

图 4-21　用 R 编程时两条圆弧线的处理

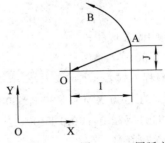

图 4-22　圆弧方向矢量

编程时，圆弧线的终点坐标可采用绝对尺寸值（G90）表示。也可以采用终点相对起点的增量尺寸值（G91）表示。图 4-23 中的曲线段是由三段圆弧线段组成的，以此为例，讨论圆弧编程的方法。

（1）使用圆弧半径 R 编程。

绝对尺寸编程方式：

G92 X0 Y－15.0；　　　　　　　（坐标系设定）

G90 G03 X15.0 Y0 R15.0 F100；（由 A 移至 B）

G02 X55.0 Y0 R20.0；　　　　　（由 B 移至 C）

G03 X80.0 Y－25.0 R－25.0；　　（由 C 移至 D）

增量尺寸编程方式：

G91 G03 X15.0 Y15.0 R15.0 F100；

G02 X40.0 Y0 R20.0；

G03 X25.0 Y－25.0 R－25.0；

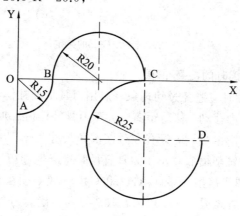

图 4 - 23　圆弧编程

（2）使用分矢量 I、J 编程。

绝对尺寸编程方式：

G92 X0 Y－15.0；

G90 G03 X15.0 Y0 I0 J15.0 F100；

G02 X55.0 Y0 I20.0 J0；

G03 X80.0 Y－25.0 I0 J－25.0；

增量尺寸编程方式：

G91 G03 X15.0 Y15.0 I0 J15.0 F100；

G02 X40.0 Y0 I20.0 J0；

G03 X25.0 Y－25.0 I0 J－25.0；

在程序中若分矢量为零（I0 或 J0）时，可以省略。

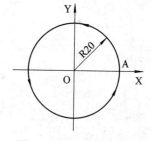

图 4 - 24　封闭整圆编程

如果圆弧是一个封闭整圆，只能使用分矢量编程。图 4 - 24 所示为一个封闭整圆，要求由 A 点开始，实现逆时针圆弧插补并返回 A 点，其程序段格式为：

G90 G03 X20.0 Y0 I－20.0 J0 F100；

或

G91 G03 X0 Y0 I－20.0 J0 F100；

7. 刀具半径补偿 G41/G42/G40

铣削加工中，不同刀具的半径是不同的。刀具零点是数控镗铣床类机床主轴装刀锥孔端面与轴线的交点，是刀具半径的零点。编程时为了方便，通常按工件轮廓轨迹编制程序。执行程序的走刀轨迹实际上是刀具零点的轨迹，因此使用不同的刀具时，需进行刀具半径补偿。

（1）刀具半径左补偿 G41，刀具半径右补偿 G42。

183

G41、G42 指令的判定同数控车床一样，如图 4-25 所示。

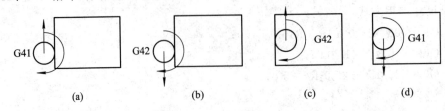

图 4-25 G41、G42 的判定

（2）使用刀具半径补偿时的注意事项。

① 使用刀具半径补偿时应避免过切现象。启用刀具半径补偿和取消刀具半径补偿时，刀具必须在所补偿的平面内移动，移动距离应大于刀具补偿值。加工半径小于刀具半径内圆弧时，进行半径补偿将产生过切，只有在过渡圆角尺寸大于刀具半径 r＋精加工余量的情况下才能正常切削。被铣削槽底宽小于刀具直径时将产生过切。

② 刀具补偿的设立和注销指令 G41、G42 和 G40 一般必须在 G01 或 G00 模式下使用。

③ D00～D99 为刀具补偿号，D00 意味着取消刀具补偿。刀具补偿值在加工或试运行之前须设定在补偿存储器中。

在 G17 选择平面内，使用刀具半径补偿完成轮廓加工编程，如图 4-26 所示。

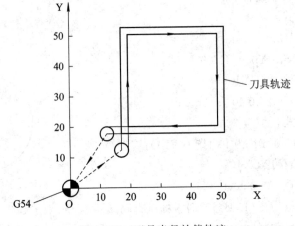

图 4-26 刀具半径补偿轨迹

程序如下：

 O0003；

 N01 G54 G00 X0 Y0；

 N02 T01 S800 M03；

 N03 G00 Z20；

 N04 Z5；

 N05 G41 X20 Y10 D01；

 N06 G01 Z－3 F60；

 N07 Y50；

 N08 X50；

N09 Y20；

N10 X10；

N11 G00 Z60；

N12 G40 X0 Y0；

N13 M30；

（3）刀具半径补偿的作用。

刀具半径补偿不仅方便编程，还可灵活运用，实现利用同一程序进行粗、精加工，即

$$粗加工刀具半径补偿＝刀具半径＋精加工余量$$

$$精加工刀具半径补偿＝刀具半径＋修正量$$

刀具半径补偿如图 4 - 27 所示。

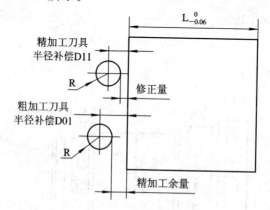

图 4 - 27 刀具半径补偿

例如，如图 4 - 26 所示，刀具为 φ20 立铣刀，现零件粗加工后给精加工留单边 1.0 mm，则粗加工刀具半径补偿 D01 的值为

$$R_补＝Rd＋1.0＝10.0＋1.0＝11.0（mm）$$

粗加工后实测 L 尺寸为 L＋1.98，则精加工刀具半径补偿 D11 的值应为

$$R_补＝\frac{11.0－(1.98＋0.03)}{2}＝9.995（mm）$$

则加工后工件实际的 L 值为 L－0.03。

4.4 编 程 实 例

4.4.1 数控车床编程实例

例 4 - 1 采用常用指令对如图 4 - 28 所示的工件进行精加工。

程序如下（采用混编方式）：

O0001；

N01 G54 G00 X100 Z100；

N02 T0101 S800 M03；

N03 G42 G00 X20 Z3.5；

N04 G01 X30 Z−1.5 F0.3；

N05 Z−15；

N06 X35 W−2；

N07 Z−45；

N08 X38；

N09 X42 W−2；

N10 Z−65；

N11 X48 W−3；

N12 Z−80；

N13 G40 U8；

N14 G00 X100 Z100；

186　　N15 M05；

N16 M30；

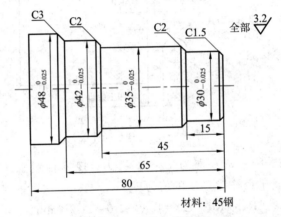

图 4−28　精加工阶梯轴

例 4−2　采用常用指令对如图 4−29 所示的工件进行精加工。

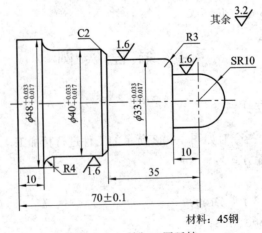

图 4−29　精加工圆弧轴

程序如下(采用混编方式)：

O0001；

N01 G54 G00 X100 Z100；

N02 T0101 S800 M03；

N03 G42 G00 X−10 Z5；

N04 G02 X0 Z0 R5 F0.3；

N05 G03 X20 Z−10 R10；

N06 G01 W−10；

N07 X26；

N08 G03 X32 W−3 R3；

N09 G01 Z−45；

N10 X36；

N11 X40 W−2；

N12 W−19；

N13 G02 X48 W−4 R4；

N14 G01 W−10；

N15 G40 U8；

N16 G00 X100 Z100；

N17 M05；

N18 M30；

4.4.2　数控铣床编程实例

例 4-3　采用常用指令对如图 4-30 所示的工件进行精加工。

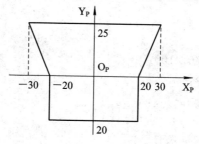

图 4-30　轮廓精加工

程序如下：

O0001；

N01 G54 G00 X0 Y0 Z100；

N02 T01 S800 M03；

N03 G00 X−20 Y−40；

N04 Z5；

N05 G01 Z−3 F60；

N06 G41 Y−3 D01；

N07 Y0；

N08 X－30 Y25；

N09 X30；

N10 X20 Y0；

N11 Y－20；

N12 X－30；

N13 G40 X－40；

N14 G00 Z100；

N15 X0 Z0；

N16 M05；

N17 M30；

188　例 4－4　用 φ20 mm 的立铣刀加工如图 4－31 所示的轮廓。

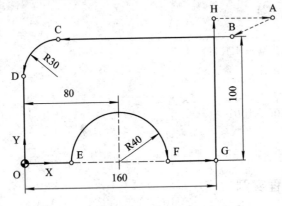

图 4－31　工件轮廓

程序如下：

O0001；

N01 G54 G00 X0 Y0 Z100；

N02 T01 S800 M03；

N03 G00 X210 Y115；

N04 Z5；

N05 G01 Z－5 F80；

N06 G42 X185 Y100 D01；

N07 X30；

N08 G03 X0 Y70 R30；

N09 G01 Y0；

N10 X40；

N11 G02 X120 I40；

N12 G01 X160；

N13 Y115；

N14 G00 G40 X210；

N15 Z100；

N16 X0 Y0；

N17 M05；

N18 M30；

4.5　拓展知识——自动编程技术

4.5.1　自动编程原理及类型

1. 数控语言批处理式自动编程

早期的编程都是数控编程人员根据零件图形及加工工艺要求，采用数控语言，先编写成源程序单，再输入计算机，由专门的编译程序进行译码、计算和后置处理后，自动生成数控机床所需的加工程序清单，然后通过制成纸带或直接用通信接口，将加工程序送入到机床 CNC 装置中。这种自动编程系统的典型特征就是 APT 语言。这些数控语言有的能处理 3～5 个坐标轴，有的只能处理 2 个坐标轴。ATP 方式的自动编程系统，一般都无显示、不直观、易出错。使用时需要掌握数控语言。初学者使用起来不太方便。

2. 人机对话型图形化自动编程

在人机对话条件下，数控编程人员按照菜单提示的内容反复与计算机对话，从工件图形的定义、刀具的选择、起刀点的确定和走刀路线的安排，直到各种工艺指令的插入，全在对话过程中提交给了计算机，最后得到所需机床的数控程序单。这种自动编程具有图形显示的直观性，能较方便地进行对话式修改，易学且不易出错。图形化自动编程系统有 Mastercam、UG、CATIA、Pro/E 和 CAXA 制造工程师等。

4.5.2　CAXA 制造工程师简介

1. CAXA 的主要功能

CAXA 制造工程师是北京北航海尔软件公司开发的针对数控加工的专用 CAD/CAM 软件。CAXA 的运行环境是 Windows 系统，它可以完成绘图设计、加工代码生成和联机通信等功能，集图纸设计和代码编程于一体，可读入 EXB、DWG、DXF、IGES、DAT 等格式的各种类型文件，使所有 CAD 软件生成的图形都能直接读入 CXXA。

CAXA 数控加工 CAM 软件具备的功能有：工件几何的输入与数据接口、交互生成刀位轨迹、通用后置处理及数控程序的自动生成。工件几何的输入方式除了交互式绘图外，还要接收由其他 CAD 软件生成的图形数据，因此 CAXA 软件的数据接口是通用的，所接受的数据种类较多。

2. CAXA 的基本操作

CAXA 和其他 Windows 风格的软件一样，各种应用功能通过菜单条和工具条驱动，状态条指导用户进行操作并提示当前状态和所处位置，绘图区域显示各种绘图操作的结果，同时绘图区和参数栏分别为用户实现各种功能和提供数据的交互。

1）功能驱动方式

CAXA 采用菜单驱动、工具条驱动和热键驱动相结合的方式，工具条每一个图标都对应一个菜单命令，点图标和点菜单命令的效果是一样的。根据用户对软件应用的熟练程度，用户可选择不同的命令驱动方式。

主菜单是界面最上方的菜单条，包含系统所有功能项，为方便使用，CAXA 把菜单项按不同类别分类，具体分为文件模块、编辑模块、显示模块、造型模块、通信模块、工具模块和设置模块等。

2）弹出菜单

CAXA 的弹出菜单是当前命令状态下的子命令，可通过空格键弹出。不同的命令，执行状态下可能有不同的子命令组，主要分为点工具组、矢量工具组、选择集拾取工作组、轮廓拾取工作组和岛拾取工作组。如果子命令是用来设置某种子状态的，则 CAXA 状态条中会显示提示用户。

3）工具条驱动

CAXA 与其他 Windows 应用程序一样，为比较熟练的用户提供了工具条命令驱动方式，这种方式把用户经常使用的功能分类组成工具栏，放在显眼的地方以备用户方便使用。CAXA 为用户提供了标准栏、草图绘制栏、显示栏、曲线栏、特征栏、曲面栏和线面编辑栏，同时 CAXA 也为用户提供了自定义功能，用户可以把自己经常使用的功能编辑成组，放在最适当的地方。

4）立即菜单

CAXA 也有独特的立即菜单交互方式。立即菜单的交互方式大大改善了交互过程。在交互过程中，如果需要随时可以修改立即菜单中提供的缺省值，这打破了完全顺序的交互过程。立即菜单的另一个主要功能是对功能进行选项控制。

3. 数据接口

CAXA 的接口是指与其他 CAD/CAM 文档和规范的衔接能力。CAXA 的接口能力非常出色，不仅可以直接打开 X_T 和 X_B 文件，而且可以输入 DXF、IGS 和 DAT 等数据文件，为 CAXA 的使用提供方便，也可以输出 DXF、IGS、X_T、X_B、SAT、WRL 和 EXB 等格式文件，为其他应用软件的使用、Internet 的浏览和数据传输提供方便。

4. CAXA 自动编程实例——香皂模型造型与加工

1）进行零件的三维造型

通过拉伸、变半径过渡、裁剪和布尔运算等实体特征及放样面的生成等命令，完成香皂的实体造型。结果如图 4-32 所示。

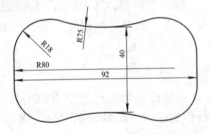

图 4-32 实体造型图

2）香皂模型的加工

通过毛坯定义、等高线粗加工、等高线精加工、区域粗加工及扫描线精加工等方法完成香皂加工。具体加工步骤如下：

① 用直径 φ8 mm 的端铣刀做等高线粗加工。

② 用直径 φ10 mm、圆角为 r2 的圆角铣刀做等高线精加工。

③ 用直径 φ8 mm 的端铣刀做区域粗加工。

④ 用直径 φ0.2 mm 的雕铣刀做扫描线精加工铣花纹。

具体实施过程如下：

① 定义毛坯，如图 4-33 所示。

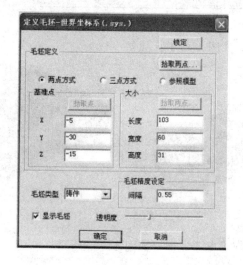

图 4-33　定义毛坯

② 定义等高线粗加工参数及仿真，如图 4-34 所示。

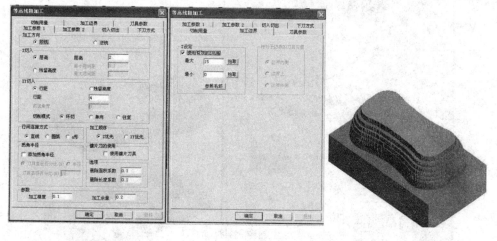

图 4-34　等高线粗加工及仿真

③ 定义等高线精加工参数及仿真，如图 4-35 所示。

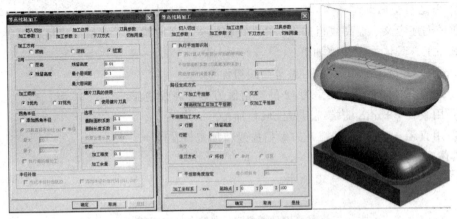

图 4-35　等高线精加工及仿真

④ 进行区域粗加工，如图 4-36 所示。

图 4-36　区域粗加工

⑤ 定义扫描线精加工参数及仿真，如图 4-37 所示。

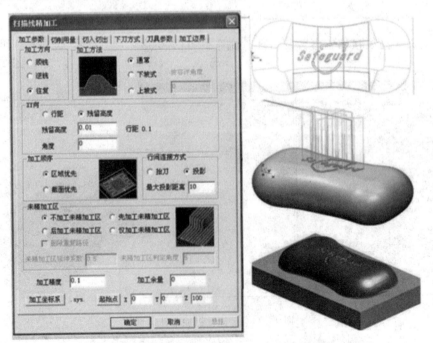

图 4-37　扫描线精加工参数及仿真

思考与习题

4-1 判定数控机床坐标系的方法是什么?

4-2 数控机床坐标轴与运动方向是怎样规定的?

4-3 简要说明机床坐标系与工件坐标系之间的联系与区别。

4-4 什么叫模态指令与非模态指令?举例说明。

4-5 程序中有哪些功能字?

4-6 什么是绝对坐标与增量坐标?

4-7 对如图 4-38 所示的零件,刀尖按"A→B→C→D→E→F"顺序移动,写出绝对、增量精加工程序。

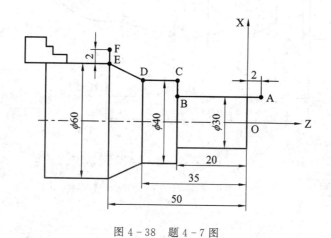

图 4-38 题 4-7 图

4-8 对如图 4-39 所示的零件,设计一个精车程序,各面精加工余量为 0.5 mm。

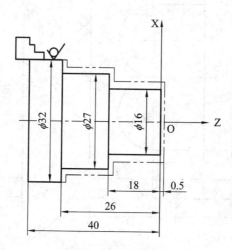

图 4-39 题 4-8 图

4-9 对如图 4-40 所示的零件,设计一个精车程序,各面精加工余量为 0.5 mm。

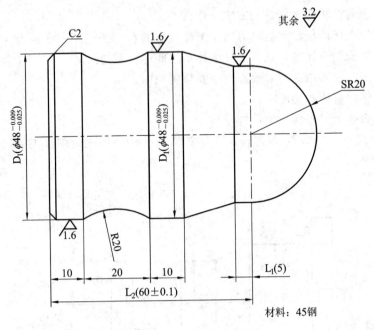

图 4-40 题 4-9 图

4-10 对如图 4-41 所示的零件,采用刀补功能完成零件加工。

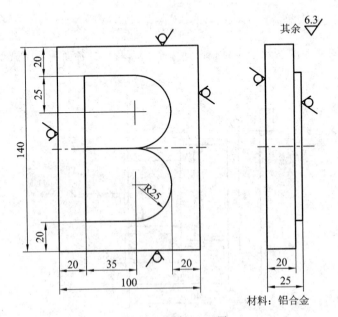

图 4-41 题 4-10 图

4-11 对如图 4-42 所示的零件,采用刀补功能完成零件加工。

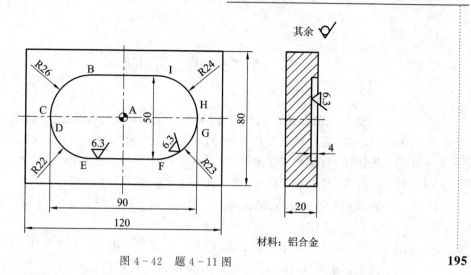

材料：铝合金

图 4-42　题 4-11 图

4-12　刀具半径补偿 G41、G42、G40 只能与哪些运动指令 G 代码联用？

4-13　如果外轮廓铣大了，再用原程序加工时，如何修改刀具半径补偿值？

本章学习参考书

[1] 陶维利. 数控铣削编程与加工[M]. 北京：机械工业出版社，2010.

[2] 张丽华. 数控编程与加工技术[M]. 大连：大连理工大学出版社，2008.

[3] 苏宏志. 数控机床与应用[M]. 上海：复旦大学出版社，2010.

[4] 王丽洁. 数控加工编程技术[M]. 北京：中国科学技术出版社，2010.

参 考 文 献

[1] 苏宏志，杨辉. 数控机床与应用[M]. 上海：复旦大学出版社，2010.

[2] 孙小捞. 数控机床及其维护[M]. 北京：人民邮电出版社，2010.

[3] 周建强. 数控加工技术[M]. 北京：中国人民大学出版社，2010.

[4] 卢万强. 数控加工技术[M]. 北京：北京理工大学出版社，2011.

[5] 袁哲俊，刘华明. 孔加工刀具、铣刀、数控机床用工具系统[M]. 北京：机械工业出版社，2009.

[6] 徐宏海. 数控机床刀具及其应用[M]. 北京：化学工业出版社，2010.

[7] 陈云，杜齐明，董万福. 现代金属切削刀具实用技术[M]. 北京：化学工业出版社，2008.

[8] 沈志雄，徐福林. 金属切削原理与数控机床刀具[M]. 上海：复旦大学出版社，2012.

[9] 罗辑. 数控加工工艺及刀具[M]. 重庆：重庆大学出版社，2006.

[10] 邓建新，赵军. 数控刀具材料选用手册[M]. 北京：机械工业出版社，2005.

[11] 陆剑中，孙家宁. 金属切削原理与刀具[M]. 北京：机械工业出版社，2011.

[12] 翟瑞波. 数控加工工艺与编程[M]. 北京：中国劳动社会保障出版社，2010.

[13] 王彩霞. 机械制造技术[M]. 北京：国防工业出版社，2010.

[14] 杨丰，黄登红. 数控加工工艺与编程[M]. 北京：国防工业出版社，2009.

[15] 沈建峰. 数控铣床/加工中心编程与操作[M]. 北京：中国劳动社会保障出版社，2011.

[16] 张杰. 数控加工实训指导书[M]. 北京：清华大学出版社，2010.

[17] 李兴凯. 数控车床编程与加工项目化教程[M]. 南京：南京大学出版社，2012.

[18] 韩鸿鸾. 数控铣削加工一体化教程[M]. 北京：机械工业出版社，2013.

[19] 徐伟. 数控车削实训[M]. 上海：华东师范大学出版社，2008.

[20] 成都千木刀具电子样本. 2009.

[21] 山特维克可乐满(Sandvik Coromant)刀具样本. 2011.